영역	과목	교재	예비 초등		3-4학년								5-6학년				예비중등	
			P1	P2	1A	1B	2A	2B	3A	3B	4A	4B	5A	5B	6A	6B	7A	7B
쓰기력	국어	한글 바로 쓰기	P1	P2	P1~3_활동 모													
	국어	맞춤법 바로 쓰기			1A	1B	2A	2B										
어휘력	전 과목	어휘			1A	1B	2A	2B	3A	3B	4A	4B	5A	5B	6A	6B		
	전 과목	한자 어휘			1A	1B	2A	2B	3A	3B	4A	4B	5A	5B	6A	6B		
	영어	파닉스			1		2											
	영어	영단어							3A	3B	4A	4B	5A	5B	6A	6B		
독해력	국어	독해	P1	P2	1A	1B	2A	2B	3A	3B	4A	4B	5A	5B	6A	6B		
	한국사	독해 인물편							1		2		3		4			
	한국사	독해 시대편							1		2		3		4			
계산력	수학	계산			1A	1B	2A	2B	3A	3B	4A	4B	5A	5B	6A	6B	7A	7B
교과서 문해력	전 과목	개념어 +서술어			1A	1B	2A	2B	3A	3B	4A	4B	5A	5B	6A	6B		
	사회	교과서 독해							3A	3B	4A	4B	5A	5B	6A	6B		
	과학	교과서 독해							3A	3B	4A	4B	5A	5B	6A	6B		
	수학	문장제 기본			1A	1B	2A	2B	3A	3B	4A	4B	5A	5B	6A	6B		
	수학	문장제 발전			1A	1B	2A	2B	3A	3B	4A	4B	5A	5B	6A	6B		
창의·사고력	전 영역	창의력 키우기	1	2	3	4												

* 초등학생을 위한 영역별 배경지식 함양 <완자 공부력> 시리즈는 2024년부터 출간됩니다.

* 완자 공부력 신간은 계속해서 출간됩니다.

세상이 변해도
배움의 즐거움은
변함없도록

시대는 빠르게 변해도
배움의 즐거움은
변함없어야 하기에

어제의 비상은
남다른 교재부터
결이 다른 콘텐츠
전에 없던 교육 플랫폼까지

변함없는 혁신으로
교육 문화 환경의 새로운 전형을
실현해왔습니다.

비상은 오늘, 다시 한번
새로운 교육 문화 환경을 실현하기 위한
또 하나의 혁신을 시작합니다.

오늘의 내가 어제의 나를 초월하고
오늘의 교육이 어제의 교육을 초월하여
배움의 즐거움을 지속하는 혁신,

바로, 메타인지 기반 완전 학습을.

상상을 실현하는 교육 문화 기업 비상

메타인지 기반 완전 학습
초월을 뜻하는 meta와 생각을 뜻하는 인지가 결합한 메타인지는
자신이 알고 모르는 것을 스스로 구분하고 학습계획을 세우도록 하는
궁극의 학습 능력입니다. 비상의 메타인지 기반 완전 학습 시스템은
잠들어 있는 메타인지를 깨워 공부를 100% 내 것으로 만들도록 합니다.

교과서
문해력 **수학 문장제** | 기본 | **5B**
5학년

수학 문장제 기본 단계별 구성

1A	1B	2A	2B	3A	3B
9까지의 수	100까지의 수	세 자리 수	네 자리 수	덧셈과 뺄셈	곱셈
여러 가지 모양	덧셈과 뺄셈 (1)	여러 가지 도형	곱셈구구	평면도형	나눗셈
덧셈과 뺄셈	여러 가지 모양	덧셈과 뺄셈	길이 재기	나눗셈	원
비교하기	덧셈과 뺄셈 (2)	길이 재기	시각과 시간	곱셈	분수
50까지의 수	시계 보기와 규칙 찾기	분류하기	표와 그래프	길이와 시간	들이와 무게
	덧셈과 뺄셈 (3)	곱셈	규칙 찾기	분수와 소수	자료의 정리

수학 교과서 전 단원, 전 영역 문장제 문제를
쉽게 익히고 연습하여 문제 해결력을 길러요!

4A	4B	5A	5B	6A	6B
큰 수	분수의 덧셈과 뺄셈	자연수의 혼합 계산	수의 범위와 어림하기	분수의 나눗셈	분수의 나눗셈
각도	삼각형	약수와 배수	분수의 곱셈	각기둥과 각뿔	소수의 나눗셈
곱셈과 나눗셈	소수의 덧셈과 뺄셈	규칙과 대응	합동과 대칭	소수의 나눗셈	공간과 입체
평면도형의 이동	사각형	약분과 통분	소수의 곱셈	비와 비율	비례식과 비례배분
막대 그래프	꺾은선 그래프	분수의 덧셈과 뺄셈	직육면체	여러 가지 그래프	원의 둘레와 넓이
규칙 찾기	다각형	다각형의 둘레와 넓이	평균과 가능성	직육면체의 부피와 겉넓이	원기둥, 원뿔, 구

특징과 활용법

준비하기
단원별 2쪽, 가볍게 몸풀기

문장제 준비하기

계산 문제나 기본 문제를
풀면서 개념을 확인해요!
잘 기억나지 않는 건
도움말을 보면서 떠올려요!

일차 학습
하루 4쪽, 문장제 학습

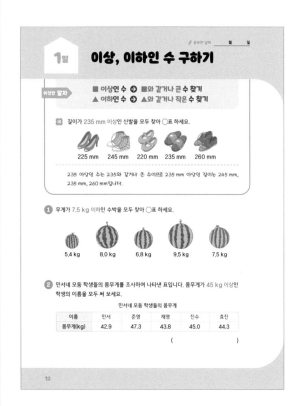

하루에 4쪽만 공부하면 끝!
이것만 알자 속 내용만 기억하면
풀이가 술술~

실력 확인하기

단원별 마무리하기와 총정리 실력 평가

마무리하기

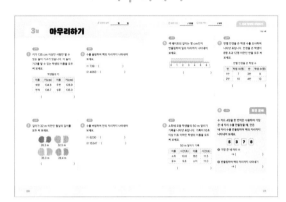

앞에서 배운 문제를
풀면서 실력을 확인해요.
조금 더 어려운 도전 문제까지
성공하면 최고!

실력 평가

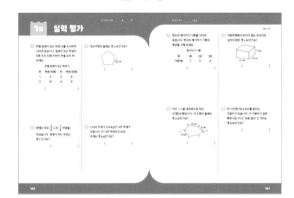

한 권을 모두 끝낸 후엔
실력 평가로 내 실력을 점검해요!
6개 이상 맞혔으면
발전편으로 GO!

정답과 해설

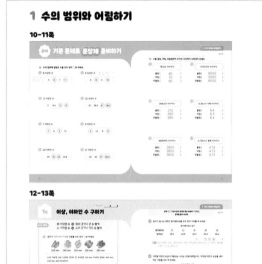

정답과 해설을 빠르게 확인하고,
틀린 문제는 다시 풀어요!
QR을 찍으면 모바일로도
정답을 확인할 수 있어요!

차례

1 수의 범위와 어림하기

준비
기본 문제로
문장제 준비하기

1일차

✦ 이상, 이하인 수 구하기

✦ 초과, 미만인 수 구하기

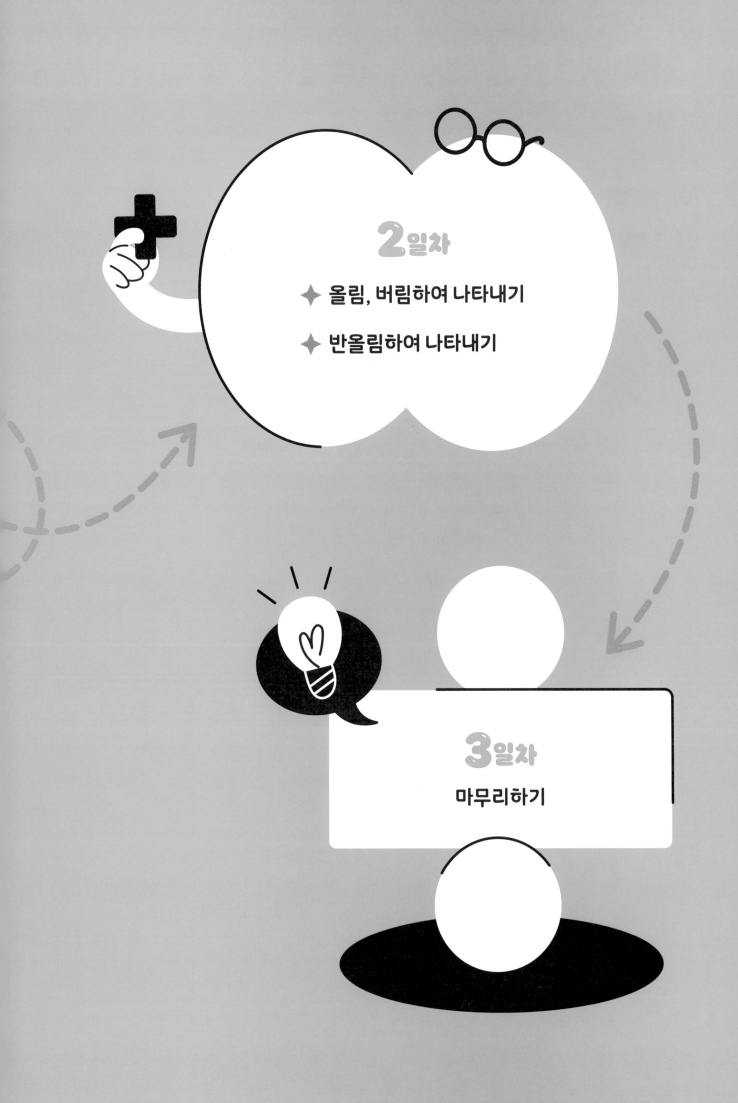

◆ 수의 범위에 알맞은 수를 모두 찾아 ◯표 하세요.

1 8 이상인 수

● 이상인 수,
● 이하인 수에는
● 가 포함돼요.

5   ⑧   7   ⑪

5 6 초과인 수 —— ● ■ 초과인 수, ■ 미만인 수에는 ■ 가 포함되지 않아요.

6   ⑨   3   ⑩

2 12 이상인 수

11   9.4   13   15

6 32 초과인 수

32   26.5   47   38.2

3 7 이하인 수

7   9   3   13

7 9 미만인 수

4   14   9   8

4 24 이하인 수

25   16   23   24.8

8 41 미만인 수

45   42   37   28.4

정답 2쪽

● 올림은 구하려는 자리 아래 수를 올려서, 버림은 구하려는 자리 아래 수를 버려서 나타내요.

✦ **수를 올림, 버림, 반올림하여 주어진 자리까지 나타내어 보세요.**

● 반올림은 구하려는 자리 바로 아래 자리의 숫자가 5 미만이면 버리고, 5 이상이면 올려서 나타내요.

9 | 78(십의 자리까지)

올림 (80)
버림 (70)
반올림 (80)

12 | 5731(천의 자리까지)

올림 ( )
버림 ( )
반올림 ( )

10 | 264(십의 자리까지)

올림 ( )
버림 ( )
반올림 ( )

13 | 6.35(소수 첫째 자리까지)

올림 ( )
버림 ( )
반올림 ( )

11 | 3826(백의 자리까지)

올림 ( )
버림 ( )
반올림 ( )

14 | 4.732(소수 둘째 자리까지)

올림 ( )
버림 ( )
반올림 ( )

1일 이상, 이하인 수 구하기

이것만 알자

■ **이상인 수** ➔ ■와 **같거나 큰 수 찾기**
▲ **이하인 수** ➔ ▲와 **같거나 작은 수 찾기**

예 길이가 235 mm 이상인 신발을 모두 찾아 ◯표 하세요.

225 mm　　245 mm　　220 mm　　235 mm　　260 mm

235 이상인 수는 235와 같거나 큰 수이므로 235 mm 이상인 길이는 245 mm, 235 mm, 260 mm입니다.

1 무게가 7.5 kg 이하인 수박을 모두 찾아 ◯표 하세요.

5.4 kg　　8.0 kg　　6.8 kg　　9.5 kg　　7.5 kg

2 민서네 모둠 학생들의 몸무게를 조사하여 나타낸 표입니다. 몸무게가 45 kg 이상인 학생의 이름을 모두 써 보세요.

민서네 모둠 학생들의 몸무게

이름	민서	준영	재영	진수	효진
몸무게(kg)	42.9	47.3	43.8	45.0	44.3

(　　　　　　　　　　　)

3 길이가 42 m 이하인 종이테이프를 모두 찾아 기호를 써 보세요.

종이테이프의 길이

종이테이프	㉠	㉡	㉢	㉣	㉤
길이(m)	39.5	43.6	42.0	40.5	48.4

( )

4 지하철 어린이 요금이 적용되는 나이는 12세 이하입니다. 지하철 어린이 요금을 내야 하는 사람을 모두 써 보세요.

우리 가족의 나이

가족	동생	아버지	어머니	나	누나
나이(세)	9	45	42	12	15

( )

5 은수네 모둠 학생들의 어젯밤 수면 시간을 조사한 것입니다. 수면 시간이 7시간 이상 9시간 이하인 학생의 이름을 모두 써 보세요.

은수네 모둠 학생들의 수면 시간

이름	은수	정민	예준	유나	은호
수면 시간(시간)	9	7	10	6	8

( )

초과, 미만인 수 구하기

■ **초과인 수** ➡ ■ **보다 큰 수 찾기**
▲ **미만인 수** ➡ ▲ **보다 작은 수 찾기**

예 길이가 15 cm 미만인 양파를 모두 찾아 ◯표 하세요.

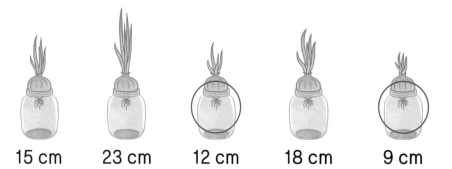

15 cm   23 cm   12 cm   18 cm   9 cm

15 미만인 수는 15보다 작은 수이므로 15 cm 미만인 길이는 12 cm, 9 cm입니다.

1 높이가 3 m 초과인 자동차를 모두 찾아 ◯표 하세요.

3.2 m   1.5 m   4.3 m   4.6 m   2.4 m

2 지은이네 모둠 학생들이 1분 동안 넘은 줄넘기 횟수를 나타낸 표입니다. 줄넘기 횟수가 65회 미만인 학생의 이름을 모두 써 보세요.

지은이네 모둠 학생들이 1분 동안 넘은 줄넘기 횟수

이름	지은	윤수	미영	서진	민석
횟수(회)	68	59	56	65	72

(   )

정답 3쪽

왼쪽 ❶, ❷번과 같이 문제의 핵심 부분에 색칠하고,
문제를 풀어 보세요.

3 정우네 모둠 학생들이 한 학기 동안 읽은 책의 수를 나타낸 표입니다. 한 학기 동안 읽은 책이 20권 초과인 학생의 이름을 모두 써 보세요.

정우네 모둠 학생들이 한 학기 동안 읽은 책의 수

이름	정우	승기	서윤	소진	준하
책의 수(권)	28	18	14	20	32

(   )

4 어느 항공사는 수하물의 무게가 22 kg을 초과하면 요금을 더 내야 합니다. 요금을 더 내야 하는 수하물을 모두 찾아 기호를 써 보세요.

수하물의 무게

수하물	㉠	㉡	㉢	㉣	㉤
무게(kg)	25.3	21.6	18.4	26.7	22.0

(   )

5 농촌 체험 학습에서 수확한 사과를 바구니에 나누어 담았습니다. 사과가 15개 초과 25개 미만인 바구니를 모두 찾아 ○표 하세요.

12개	20개	25개	28개	24개
( )	( )	( )	( )	( )

2일 올림, 버림하여 나타내기

이것만 알자

올림하여 ■의 자리까지 나타내기
→ ■의 자리 아래 수를 모두 올리기
버림하여 ▲의 자리까지 나타내기
→ ▲의 자리 아래 수를 모두 버리기

예 428을 올림하여 십의 자리까지 나타내어 보세요.

---

428 ⇨ 430
└ 십의 자리 아래 수인 8을 10으로 보고 올림합니다.

답 __430__

---

1 수를 버림하여 십의 자리까지 나타내어 보세요.
┌● 십의 자리 아래 수를 버리기

(1) 758 ⇨ (   )   (2) 5703 ⇨ (   )

2 수를 올림하여 백의 자리까지 나타내어 보세요.

(1) 523 ⇨ (   )   (2) 6175 ⇨ (   )

왼쪽 ❶, ❷번과 같이 문제의 핵심 부분에 색칠하고,
문제를 풀어 보세요.

3 수를 올림하여 천의 자리까지 나타내어 보세요.

(1) 2540 ⇨ (   )   (2) 53026 ⇨ (   )

4 수를 버림하여 천의 자리까지 나타내어 보세요.

(1) 3176 ⇨ (   )   (2) 42608 ⇨ (   )

5 4.572를 올림하여 소수 첫째 자리, 소수 둘째 자리까지 각각 나타내어 보세요.

소수 첫째 자리 (   )
소수 둘째 자리 (   )

6 2.694를 버림하여 소수 첫째 자리, 소수 둘째 자리까지 각각 나타내어 보세요.

소수 첫째 자리 (   )
소수 둘째 자리 (   )

반올림하여 ■의 자리까지 나타내기
→ ■의 바로 아래 자리의 숫자가
0, 1, 2, 3, 4이면 버림, 5, 6, 7, 8, 9이면 올림하기

예 연필의 길이는 몇 cm인지 반올림하여 일의 자리까지 나타내어 보세요.

연필의 길이는 12.6 cm입니다.

12.6의 소수 첫째 자리 숫자가 6이므로 반올림하여 일의 자리까지 나타내면

연필의 길이는 13 cm가 됩니다.

답   13 cm

---

1 세진이의 키는 146.3 cm입니다. 세진이의 키를 반올림하여 일의 자리까지
나타내어 보세요.

(cm)

2 오늘 축구장에 입장한 관람객은 16593명입니다. 입장한 관람객의 수를 반올림하여
천의 자리까지 나타내어 보세요.

(명)

정답 4쪽

**왼쪽 ❶, ❷번과 같이 문제의 핵심 부분에 색칠하고,
문제를 풀어 보세요.**

❸ 유나네 학교 학생 수는 379명입니다. 유나네 학교 학생 수를 반올림하여 십의
자리까지 나타내어 보세요.

(   )

❹ 상자 안에 클립이 264개 들어 있습니다. 클립의 수를 반올림하여 백의 자리까지
나타내어 보세요.

(   )

❺ 어느 남자 100 m 달리기 선수의 최고 기록은 9.72초
입니다. 이 선수의 최고 기록을 반올림하여 소수 첫째
자리까지 나타내어 보세요.

(   )

3일 마무리하기

12쪽

1 키가 135 cm 이상인 사람만 탈 수 있는 놀이 기구가 있습니다. 이 놀이 기구를 탈 수 있는 학생의 이름을 모두 써 보세요.

학생들의 키

이름	키(cm)	이름	키(cm)
세영	134.6	주현	128.9
연재	138.7	성훈	135.0

(   )

14쪽

2 길이가 32 m 미만인 털실의 길이를 모두 써 보세요.

26.3 m   32.5 m

35.0 m   28.4 m

(   )

16쪽

3 수를 올림하여 백의 자리까지 나타내어 보세요.

⑴ 739 ⇨ (   )

⑵ 4063 ⇨ (   )

16쪽

4 수를 버림하여 천의 자리까지 나타내어 보세요.

⑴ 6230 ⇨ (   )

⑵ 15347 ⇨ (   )

18쪽

5 색 테이프의 길이는 몇 cm인지 반올림하여 일의 자리까지 나타내어 보세요.

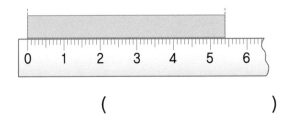

(   )

14쪽

7 반별 안경을 쓴 학생 수를 조사하여 나타낸 표입니다. 안경을 쓴 학생이 8명 초과 12명 미만인 반을 모두 써 보세요.

반별 안경을 쓴 학생 수

반	학생 수(명)	반	학생 수(명)
1반	7	3반	9
2반	10	4반	13

(   )

12쪽

6 소희네 모둠 학생들의 50 m 달리기 기록을 나타낸 표입니다. 기록이 10초 이상 11초 이하인 학생의 이름을 모두 써 보세요.

50 m 달리기 기록

이름	시간(초)	이름	시간(초)
소희	10.6	영은	11.5
윤수	9.8	소미	11.0

(   )

8 18쪽   **도전 문제**

수 카드 4장을 한 번씩만 사용하여 가장 큰 네 자리 수를 만들었을 때, 만든 네 자리 수를 반올림하여 백의 자리까지 나타내어 보세요.

[5] [3] [7] [8]

❶ 가장 큰 네 자리 수
→ (   )

❷ 반올림하여 백의 자리까지 나타내기

→ (   )

2 분수의 곱셈

준비
계산으로
문장제 준비하기

4일차

✦ 몇씩 몇 묶음은 모두 얼마인지
구하기

✦ 몇 배 한 수 구하기

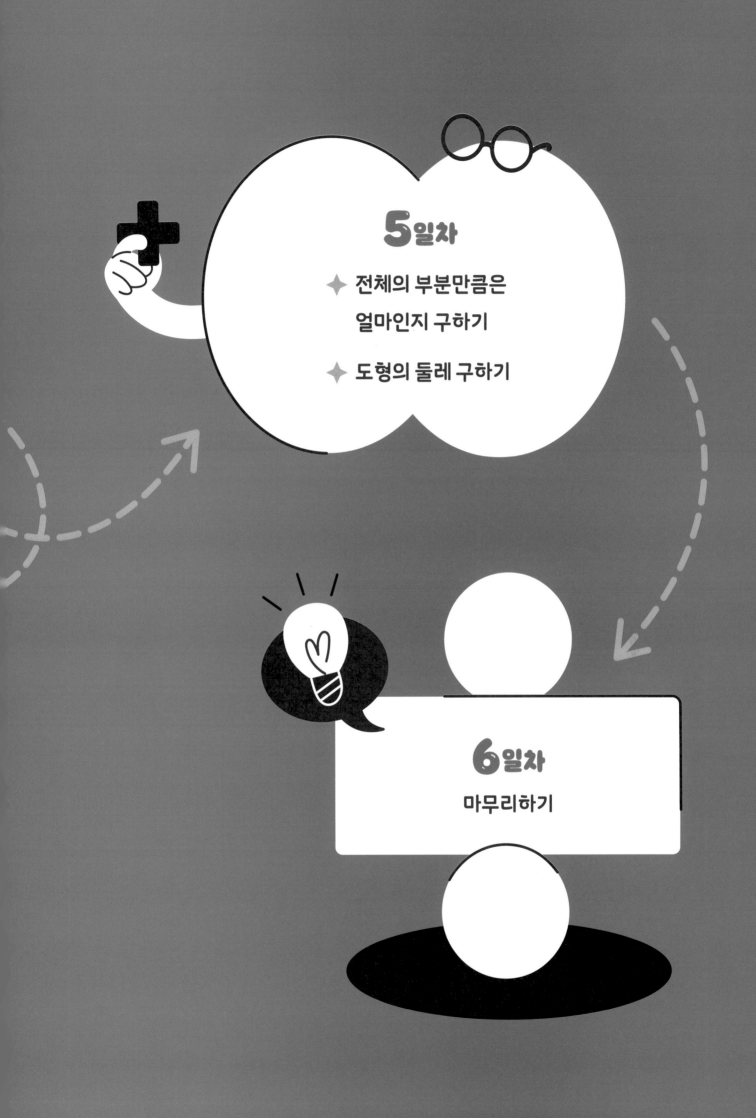

◆ 계산해 보세요.

1 $\dfrac{1}{7} \times 4 = \dfrac{4}{7}$ → 분수의 분모는 그대로 두고, 분자와 자연수를 곱해요.

2 $\dfrac{3}{5} \times 3 =$

3 $\dfrac{9}{14} \times 6 =$

4 $2\dfrac{3}{4} \times 12 = 33$ → 대분수를 가분수로 또는 자연수와 진분수의 합으로 바꾸어 계산해요.

5 $3\dfrac{1}{6} \times 8 =$

6 $6 \times \dfrac{3}{10} =$

7 $9 \times \dfrac{5}{12} =$

8 $2 \times 2\dfrac{7}{9} =$

9 $10 \times 1\dfrac{4}{5} =$

10 $5 \times 3\dfrac{3}{4} =$

정답 5쪽

11 $\dfrac{1}{5} \times \dfrac{1}{8} = \dfrac{1}{40}$ ● 분자는 분자끼리,
분모는 분모끼리 곱해요.

16 $3\dfrac{4}{5} \times 1\dfrac{1}{8} =$

12 $\dfrac{6}{7} \times \dfrac{2}{3} =$

17 $5\dfrac{1}{3} \times 4\dfrac{3}{4} =$

13 $\dfrac{3}{14} \times \dfrac{4}{9} =$

18 $\dfrac{2}{3} \times \dfrac{3}{5} \times \dfrac{5}{9} = \dfrac{2}{9}$ ● 두 분수씩 곱하거나
세 분수를 한꺼번에 곱해요.

14 $\dfrac{5}{8} \times \dfrac{4}{15} =$

19 $\dfrac{5}{9} \times \dfrac{2}{5} \times \dfrac{1}{5} =$

15 $1\dfrac{5}{6} \times 1\dfrac{1}{4} =$

20 $\dfrac{1}{3} \times \dfrac{3}{4} \times \dfrac{2}{7} =$

4일 몇씩 몇 묶음은 모두 얼마인지 구하기

이것만 알자 ■씩 ▲묶음은 모두 몇 개? ➔ ■×▲

예 도현이가 친구들에게 나누어 주려고 물을 $\frac{4}{5}$ L씩 3병을 준비했습니다.

도현이가 준비한 물은 모두 몇 L인가요?

- -

(도현이가 준비한 물의 양)

= (한 병에 들어 있는 물의 양) × (병의 수)

식 $\frac{4}{5} \times 3 = 2\frac{2}{5}$ 답 $2\frac{2}{5}$ L

---

1 찰흙이 한 덩어리에 $\frac{7}{10}$ kg씩 6덩어리 있습니다. 찰흙은 모두 몇 kg 있나요?

식 $\frac{7}{10} \times 6 = \boxed{}$ 답 $\boxed{}$ kg

찰흙 한 덩어리의 무게 ●┘   └● 덩어리 수

---

2 지율이는 매일 $\frac{3}{2}$ km씩 달리기를 합니다. 지율이가 5일 동안 달리기를 한 거리는 모두 몇 km인가요?

식 $\boxed{} \times \boxed{} = \boxed{}$ 답 $\boxed{}$ km

정답 5쪽

왼쪽 ❶, ❷번과 같이 문제의 핵심 부분에 색칠하고,
계산해야 하는 두 수에 밑줄을 그어 문제를 풀어 보세요.

❸ 진주는 딸기를 한 상자에 $\dfrac{7}{3}$ kg씩 4상자 주문했습니다. 진주가 주문한 딸기는 모두 몇 kg인가요?

식 _____ 답 _____

❹ 매실액을 만들어 한 병에 $1\dfrac{4}{5}$ L씩 10병에 담았습니다. 병에 담은 매실액은 모두 몇 L인가요?

식 _____ 답 _____

❺ 재호네 가족은 하루에 쌀을 $1\dfrac{9}{14}$ kg씩 먹습니다. 재호네 가족이 일주일 동안 먹는 쌀은 모두 몇 kg인가요?

식 _____

답 _____

몇 배 한 수 구하기

■의 ▲배는? ➡ ■ × ▲

예 나미는 망고잼을 만드는 데 망고는 $1\frac{5}{6}$ kg, 설탕은 망고의 2배를 사용했습니다.

나미가 사용한 설탕은 몇 kg인가요?

(망고잼을 만드는 데 사용한 설탕의 무게)

= (망고의 무게) × 2

식 $1\frac{5}{6} \times 2 = 3\frac{2}{3}$ 답 $3\frac{2}{3}$ kg

---

1 젤리를 원영이는 8개 가지고 있고, 동생은 원영이가 가지고 있는 젤리의

$2\frac{3}{4}$배만큼을 가지고 있습니다. 동생이 가지고 있는 젤리는 몇 개인가요?

식 $8 \times 2\frac{3}{4} = \boxed{}$ 답 $\boxed{}$개

---

2 소희의 나이는 12살이고, 소희 언니의 나이는 소희 나이의 $1\frac{1}{6}$배입니다.

소희 언니의 나이는 몇 살인가요?

식 $\boxed{} \times \boxed{} = \boxed{}$ 답 $\boxed{}$살

정답 6쪽

왼쪽 ①, ②번과 같이 문제의 핵심 부분에 색칠하고,
계산해야 하는 두 수에 밑줄을 그어 문제를 풀어 보세요.

3 시우의 몸무게는 $38\frac{2}{5}$ kg이고, 시우 아버지의 몸무게는 시우 몸무게의 $1\frac{2}{3}$ 배입니다. 시우 아버지의 몸무게는 몇 kg인가요?

식 _____   답 _____

4 지훈이는 $2\frac{1}{10}$ km를 걸었고, 선영이는 지훈이가 걸은 거리의 $2\frac{1}{2}$ 배만큼을 걸었습니다. 선영이가 걸은 거리는 몇 km인가요?

식 _____   답 _____

5 주원이는 빨간색 테이프와 초록색 테이프를 다음과 같이 사용하여 꽃 모양을 만들었습니다. 사용한 초록색 테이프는 몇 m인가요?

$1\frac{3}{7}$ m	빨간색 테이프의 $1\frac{5}{9}$ 배

식 _____   답 _____

5일 전체의 부분만큼은 얼마인지 구하기

이것만 알자

전체의 $\dfrac{3}{4}$ 만큼 ➡ (전체)$\times \dfrac{3}{4}$

예 서준이는 길이가 10 km인 둘레길의 $\dfrac{3}{4}$ 만큼을 걸었습니다. 서준이가 걸은 거리는 몇 km인가요?

(서준이가 걸은 거리) = (전체 둘레길의 길이) $\times \dfrac{3}{4}$

식 $10 \times \dfrac{3}{4} = 7\dfrac{1}{2}$ 답 $7\dfrac{1}{2}$ km

1 색종이 50장 중 $\dfrac{3}{5}$ 만큼은 파란색입니다. 파란색 색종이는 몇 장인가요?

식 $50 \times \dfrac{3}{5} = \boxed{}$ 답 $\boxed{}$ 장

전체 색종이 수 ●

2 정환이는 피자 한 판의 $\dfrac{5}{8}$ 중에서 $\dfrac{1}{2}$ 만큼을 먹었습니다. 정환이가 먹은 피자는 몇 판인가요?

식 $\boxed{} \times \boxed{} = \boxed{}$ 답 $\boxed{}$ 판

왼쪽 ❶, ❷번과 같이 문제의 핵심 부분에 색칠하고,
계산해야 하는 두 수에 밑줄을 그어 문제를 풀어 보세요.

정답 6쪽

❸ 미주는 84쪽짜리 동화책을 전체의 $\dfrac{5}{12}$ 만큼 읽었습니다. 미주가 읽은 동화책은

몇 쪽인가요?

식 _____ 답 _____

❹ 밭 전체의 $\dfrac{2}{5}$ 에 채소를 심었고, 그중 $\dfrac{3}{8}$ 만큼에

상추를 심었습니다. 상추를 심은 부분은 밭 전체의
몇 분의 몇인가요?

식 _____

답 _____

❺ 튼튼 초등학교의 5학년 학생 수는 전체 학생 수의 $\dfrac{1}{6}$ 이고, 5학년 학생 수의 $\dfrac{2}{5}$ 는

여학생이라고 합니다. 5학년 여학생 수는 전체 학생 수의 몇 분의 몇인가요?

식 _____ 답 _____

5일 도형의 둘레 구하기

이것만 알자

(정다각형의 둘레)=(한 변의 길이)×(변의 수)

(마름모의 둘레)=(한 변의 길이)×4

예 오른쪽 정사각형의 둘레는 몇 cm인가요?
└● 정사각형의 변의 수: 4

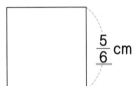

$\frac{5}{6}$ cm

- -

(정사각형의 둘레) = (한 변의 길이) × 4

식 $\frac{5}{6} \times 4 = 3\frac{1}{3}$ 답 $3\frac{1}{3}$ cm

---

1 오른쪽 정삼각형의 둘레는 몇 cm인가요?
●━ 정삼각형의 변의 수: 3

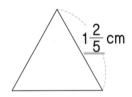

$1\frac{2}{5}$ cm

식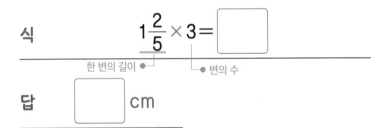
한 변의 길이 ●┘   └● 변의 수

답   ☐ cm

---

2 오른쪽 마름모의 둘레는 몇 cm인가요?

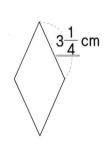

$3\frac{1}{4}$ cm

식   ☐ × ☐ = ☐

답   ☐ cm

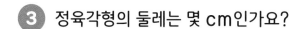

③ 정육각형의 둘레는 몇 cm인가요?

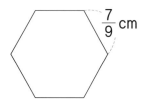

$\dfrac{7}{9}$ cm

식 _____   답 _____

④ 한 변의 길이가 $\dfrac{10}{11}$ m인 정팔각형의 둘레는 몇 m인가요?

식 _____   답 _____

⑤ 정사각형 모양 카펫의 둘레는 몇 m인가요?

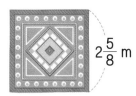

$2\dfrac{5}{8}$ m

식 _____   답 _____

6일 마무리하기

26쪽

1 유하는 당근주스를 매일 $\frac{3}{5}$ L씩 마십니다. 유하가 15일 동안 마시는 당근주스는 모두 몇 L인가요?

(   )

28쪽

3 승우의 가방 무게는 $2\frac{2}{5}$ kg입니다. 민주의 가방 무게가 승우의 가방 무게의 $1\frac{1}{6}$배일 때, 민주의 가방 무게는 몇 kg인가요?

(   )

26쪽

2 양파가 한 망에 $4\frac{1}{8}$ kg씩 들어 있습니다. 4망에 들어 있는 양파는 모두 몇 kg인가요?

(   )

30쪽

4 솔지는 케이크 한 개의 $\frac{3}{4}$ 중에서 $\frac{1}{2}$ 만큼을 먹었습니다. 솔지가 먹은 케이크는 전체의 몇 분의 몇인가요?

(   )

정답 7쪽

30쪽

5 수호는 고양이를 만드는 데 고무찰흙의 $\frac{4}{7}$를 사용했고, 그중에서 꼬리를 만드는 데 $\frac{1}{12}$을 사용했습니다. 수호가 꼬리를 만드는 데 사용한 고무찰흙은 전체의 몇 분의 몇인가요?

(   )

32쪽

6 정삼각형의 둘레는 몇 cm인가요?

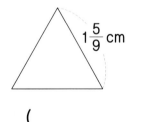

$1\frac{5}{9}$ cm

(   )

32쪽

7 한 변의 길이가 $5\frac{3}{10}$ cm인 정오각형 모양의 거울이 있습니다. 이 거울의 둘레는 몇 cm인가요?

(.   )

8 30쪽   **도전 문제**

진호는 한 시간에 **4 km**를 걷습니다. 같은 빠르기로 쉬지 않고 **50분** 동안 걷는다면 진호가 걷는 거리는 몇 **km**인가요?

❶ 50분은 몇 시간인지 나타내기

→ (   )

❷ 50분 동안 진호가 걷는 거리

→ (   )

35

3 합동과 대칭

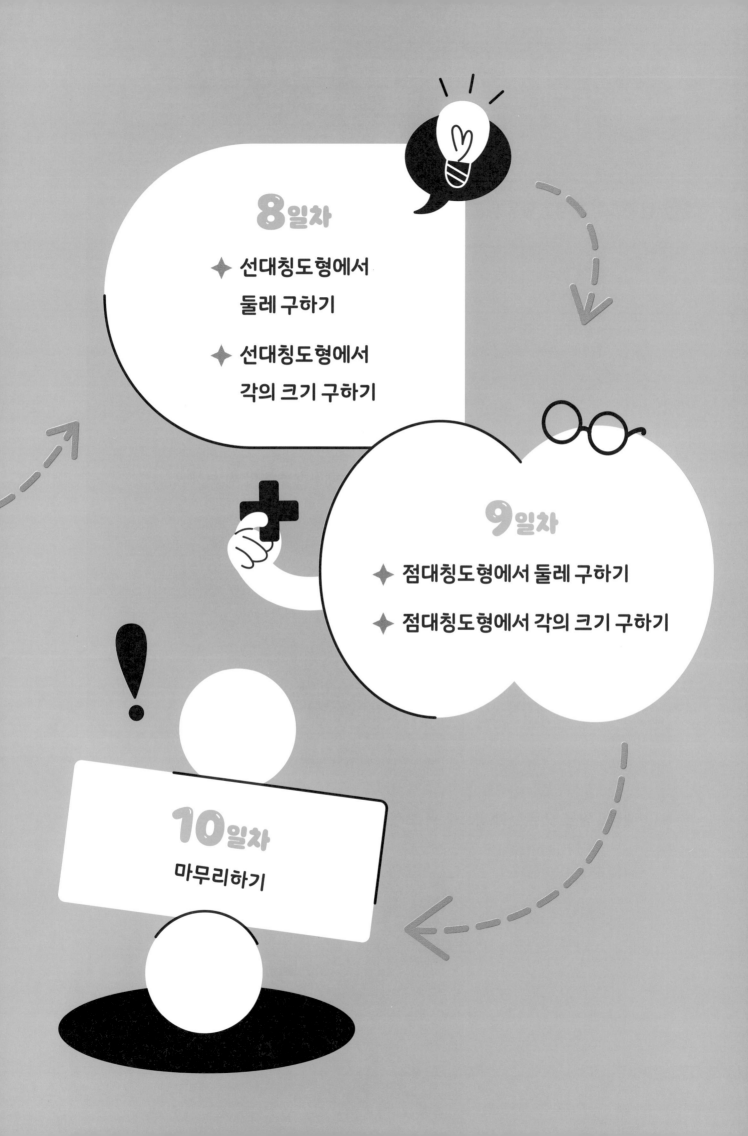

1 왼쪽 도형과 서로 합동인 도형을 찾아 ○표 하세요.

● 모양과 크기가 같아서 포개었을 때 완전히 겹치는 두 도형을 서로 합동이라고 해요.

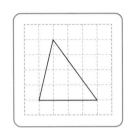
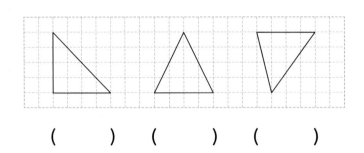

( ) ( ) ( )

2 두 삼각형은 서로 합동입니다. 대응점, 대응변, 대응각을 찾아 써 보세요.

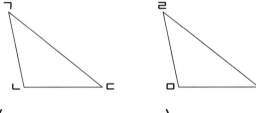

(1) 점 ㄴ의 대응점 ⇨ ( )

(2) 변 ㄴㄷ의 대응변 ⇨ ( )

(3) 각 ㄴㄷㄱ의 대응각 ⇨ ( )

● 한 직선을 따라 접었을 때 완전히 겹치는 도형을 선대칭도형이라고 해요.

3 선대칭도형을 모두 찾아 기호를 써 보세요.

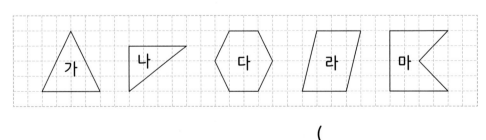

( )

④ 직선 ㅅㅇ을 대칭축으로 하는 선대칭도형입니다. 대응점, 대응변, 대응각을 찾아 써 보세요.

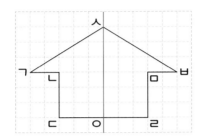

(1) 점 ㄱ의 대응점 ⇨ (   )

(2) 변 ㄱㄴ의 대응변 ⇨ (   )

(3) 각 ㅅㄱㄴ의 대응각 ⇨ (   )

● 어떤 점을 중심으로 180° 돌렸을 때 처음 도형과 완전히 겹치는 도형

⑤ 점대칭도형을 모두 찾아 기호를 써 보세요.

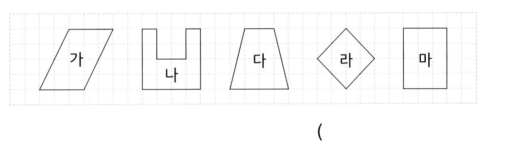

(   )

⑥ 점 ㅇ을 대칭의 중심으로 하는 점대칭도형입니다. 대응점, 대응변, 대응각을 찾아 써 보세요.

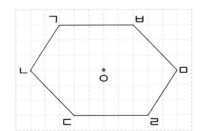

(1) 점 ㄱ의 대응점 ⇨ (   )

(2) 변 ㄴㄷ의 대응변 ⇨ (   )

(3) 각 ㄴㄷㄹ의 대응각 ⇨ (   )

7일 두 도형이 서로 합동일 때 둘레 구하기

이것만 알자

두 도형이 서로 합동이다.
➡ 각각의 대응변의 길이가 서로 같다.

예 두 삼각형은 서로 합동입니다. 삼각형 ㄹㅁㅂ의 둘레는 몇 cm인가요?

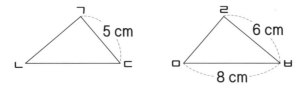

- -

변 ㄹㅁ의 대응변은 변 ㄱㄷ이므로 (변 ㄹㅁ) = 5 cm입니다.

➡ (삼각형 ㄹㅁㅂ의 둘레) = 5 + 8 + 6 = 19(cm)

답   19 cm

---

1 두 삼각형은 서로 합동입니다. 삼각형 ㄱㄴㄷ의 둘레는 몇 cm인가요?

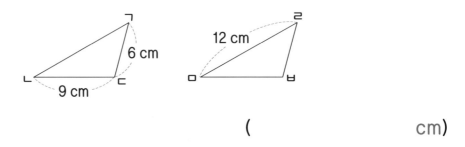

(cm)

2 두 삼각형은 서로 합동입니다. 삼각형 ㄹㅁㅂ의 둘레는 몇 cm인가요?

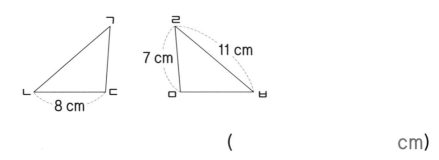

(cm)

왼쪽 ❶, ❷번과 같이 문제의 핵심 부분에 색칠하고,
문제를 풀어 보세요.

정답 8쪽

❸ 두 사각형은 서로 합동입니다. 사각형 ㄱㄴㄷㄹ의 둘레는 몇 cm인가요?

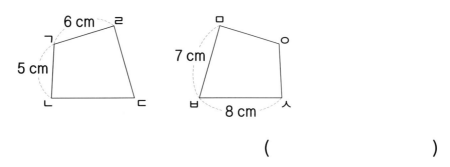

(   )

❹ 두 사각형은 서로 합동입니다. 사각형 ㅁㅂㅅㅇ의 둘레는 몇 cm인가요?

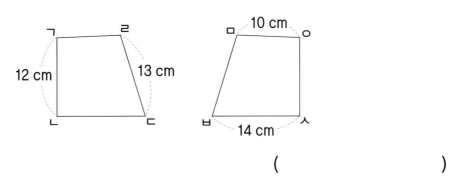

(   )

❺ 두 사각형은 서로 합동입니다. 사각형 ㄱㄴㄷㄹ의 둘레는 몇 cm인가요?

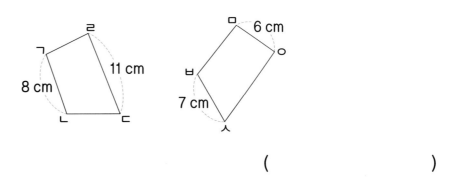

(   )

두 도형이 서로 합동일 때 각의 크기 구하기

두 도형이 서로 합동이다.
➡ **각각의 대응각의 크기가 서로 같다.**

예 두 삼각형은 서로 합동입니다. 각 ㄱㄷㄴ의 크기는 몇 도인가요?

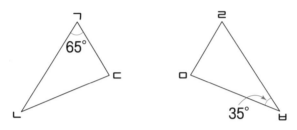

각 ㄱㄴㄷ의 대응각은 각 ㄹㅂㅁ이므로 (각 ㄱㄴㄷ) = 35°입니다.

➡ (각 ㄱㄷㄴ) = 180° − (65° + 35°) = 80°
    └─● 삼각형의 세 각의 크기의 합

답   80°

---

1 두 삼각형은 서로 합동입니다. 각 ㄹㅂㅁ의 크기는 몇 도인가요?

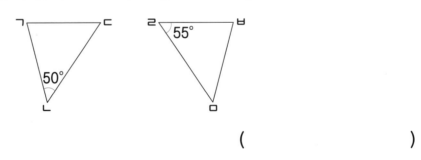

(   )

2 두 삼각형은 서로 합동입니다. 각 ㄴㄷㄱ의 크기는 몇 도인가요?

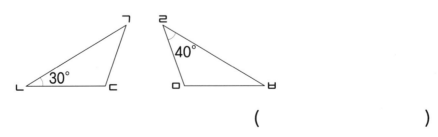

(   )

왼쪽 ❶, ❷번과 같이 문제의 핵심 부분에 색칠하고,
문제를 풀어 보세요.

정답 9쪽

❸ 두 사각형은 서로 합동입니다. 각 ㄱㄹㄷ의 크기는 몇 도인가요?

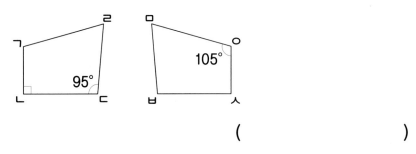

(   )

❹ 두 사각형은 서로 합동입니다. 각 ㄴㄷㄹ의 크기는 몇 도인가요?

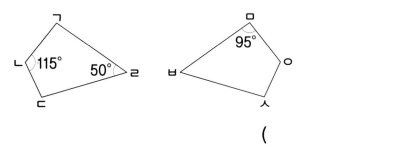

(   )

❺ 두 사각형은 서로 합동입니다. 각 ㄴㄱㄹ의 크기는 몇 도인가요?

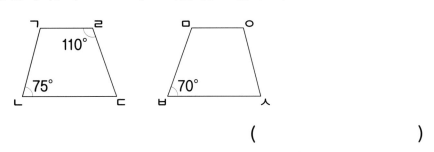

(   )

8일   선대칭도형에서 둘레 구하기

이것만 알자

선대칭도형
→ 각각의 대응변의 길이가 서로 같다.

예 직선 ㅅㅇ을 대칭축으로 하는 선대칭도형입니다.
이 도형의 둘레는 몇 cm인가요?

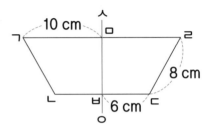

선대칭도형은 각각의 대응변의 길이가 서로 같으므로
(변 ㄱㄴ) = (변 ㄹㄷ) = 8 cm, (선분 ㄴㅂ) = (선분 ㄷㅂ) = 6 cm,
(선분 ㄹㅁ) = (선분 ㄱㅁ) = 10 cm입니다.
⇨ (선대칭도형의 둘레) = (10 + 8 + 6) × 2 = 48(cm)

답   48 cm

---

1 직선 ㅁㅂ을 대칭축으로 하는 선대칭도형입니다.
이 도형의 둘레는 몇 cm인가요?

(cm)

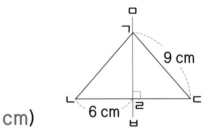

2 직선 ㅅㅇ을 대칭축으로 하는 선대칭도형입니다.
이 도형의 둘레는 몇 cm인가요?

(cm)

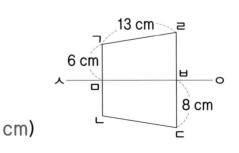

왼쪽 ❶, ❷번과 같이 문제의 핵심 부분에 색칠하고,
문제를 풀어 보세요.

정답 9쪽

③ 직선 ㅁㅂ을 대칭축으로 하는 선대칭도형입니다.
이 도형의 둘레는 몇 cm인가요?

(   )

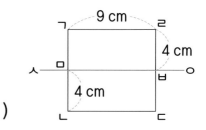

④ 직선 ㅅㅇ을 대칭축으로 하는 선대칭도형입니다.
이 도형의 둘레는 몇 cm인가요?

(   )

⑤ 직선 ㅅㅇ을 대칭축으로 하는 선대칭도형입니다.
이 도형의 둘레는 몇 cm인가요?

(   )

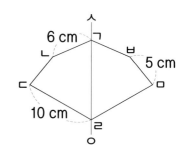

선대칭도형에서 각의 크기 구하기

선대칭도형
➡ 각각의 대응각의 크기가 서로 같다.

예 직선 ㅁㅂ을 대칭축으로 하는 선대칭도형입니다.
각 ㄱㄹㄴ은 몇 도인가요?

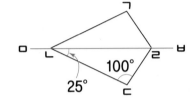

선대칭도형은 각각의 대응각의 크기가 서로 같으므로
(각 ㄱㄹㄴ) = (각 ㄷㄹㄴ)입니다.
(각 ㄷㄹㄴ) = 180° − (100° + 25°) = 55°   ⇨   (각 ㄱㄹㄴ) = 55°

답 ___55°___

1 직선 ㅁㅂ을 대칭축으로 하는 선대칭도형입니다.
각 ㄴㄷㄹ은 몇 도인가요?

(   )

2 직선 ㅁㅂ을 대칭축으로 하는 선대칭도형입니다.
각 ㄱㄹㄷ은 몇 도인가요?

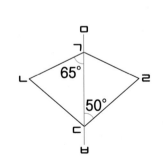

(   )

3 직선 ㅅㅇ을 대칭축으로 하는 선대칭도형입니다.
각 ㄹㄱㅂ은 몇 도인가요?

(   )

4 직선 ㅅㅇ을 대칭축으로 하는 선대칭도형입니다.
각 ㄱㄴㄹ은 몇 도인가요?

(   )

5 직선 ㅅㅇ을 대칭축으로 하는 선대칭도형입니다.
각 ㄹㅁㅂ은 몇 도인가요?

(   )

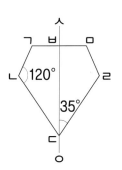

9일 점대칭도형에서 둘레 구하기

이것만 알자

점대칭도형
→ 각각의 대응변의 길이가 서로 같다.

예 점 ㅇ을 대칭의 중심으로 하는 점대칭도형입니다.
이 도형의 둘레는 몇 cm인가요?

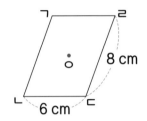

점대칭도형은 각각의 대응변의 길이가 서로 같으므로
(변 ㄱㄴ) = (변 ㄷㄹ) = 8 cm, (변 ㄱㄹ) = (변 ㄷㄴ) = 6 cm입니다.
⇨ (점대칭도형의 둘레) = (6 + 8) × 2 = 28(cm)

답   28 cm

---

1 점 ㅇ을 대칭의 중심으로 하는 점대칭도형입니다.
이 도형의 둘레는 몇 cm인가요?

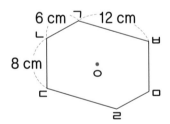

(cm)

2 점 ㅇ을 대칭의 중심으로 하는 점대칭도형입니다.
이 도형의 둘레는 몇 cm인가요?

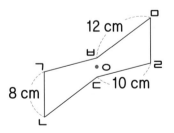

(cm)

왼쪽 **1**, **2**번과 같이 문제의 핵심 부분에 색칠하고,
문제를 풀어 보세요.

정답 10쪽

3 점 ㅇ을 대칭의 중심으로 하는 점대칭도형입니다.
이 도형의 둘레는 몇 cm인가요?

(   )

4 점 ㅇ을 대칭의 중심으로 하는 점대칭도형입니다.
이 도형의 둘레는 몇 cm인가요?

(   )

5 점 ㅇ을 대칭의 중심으로 하는 점대칭도형입니다.
이 도형의 둘레는 몇 cm인가요?

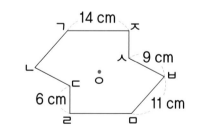

(   )

점대칭도형에서 각의 크기 구하기

점대칭도형
➡ 각각의 대응각의 크기가 서로 같다.

예 점 ㅇ을 대칭의 중심으로 하는 점대칭도형입니다.
각 ㄹㄴㄷ은 몇 도인가요?

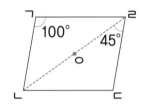

점대칭도형은 각각의 대응각의 크기가 서로 같으므로

(각 ㄴㄷㄹ) = (각 ㄹㄱㄴ) = 100°입니다.

➡ (각 ㄹㄴㄷ) = 180° − (100° + 45°) = 35°

답   35°

---

1 점 ㅇ을 대칭의 중심으로 하는 점대칭도형입니다.
각 ㄴㅁㅂ은 몇 도인가요?

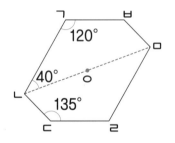

(   )

2 점 ㅇ을 대칭의 중심으로 하는 점대칭도형입니다.
각 ㅁㅂㄷ은 몇 도인가요?

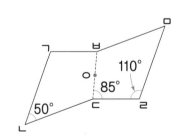

(   )

왼쪽 ❶, ❷번과 같이 문제의 핵심 부분에 색칠하고,
문제를 풀어 보세요.

정답 11쪽

3 점 ㅇ을 대칭의 중심으로 하는 점대칭도형입니다.
각 ㄹㅁㅂ은 몇 도인가요?

(   )

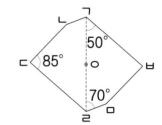

4 점 ㅇ을 대칭의 중심으로 하는 점대칭도형입니다.
각 ㄹㄷㅂ은 몇 도인가요?

(   )

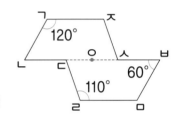

5 점 ㅇ을 대칭의 중심으로 하는 점대칭도형입니다.
각 ㄴㅇㄷ은 몇 도인가요?

(   )

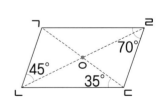

10일 마무리하기

40쪽

1 두 삼각형은 서로 합동입니다. 삼각형 ㄹㅁㅂ의 둘레는 몇 cm인가요?

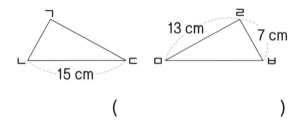

(   )

42쪽

2 두 삼각형은 서로 합동입니다. 각 ㅁㄹㅂ은 몇 도인가요?

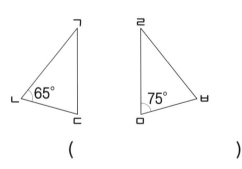

(   )

42쪽

3 두 사각형은 서로 합동입니다. 각 ㅁㅂㅅ은 몇 도인가요?

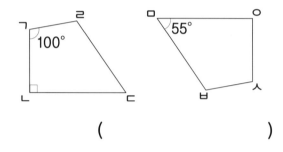

(   )

44쪽

4 직선 ㅅㅇ을 대칭축으로 하는 선대칭도형입니다. 이 도형의 둘레는 몇 cm인가요?

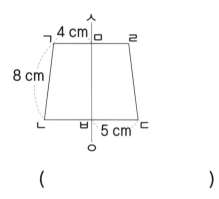

(   )

46쪽

5 직선 ㅁㅂ을 대칭축으로 하는 선대칭도형입니다. 각 ㄷㄱㄹ은 몇 도인가요?

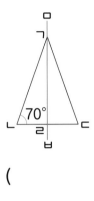

( )

50쪽

7 점 ㅇ을 대칭의 중심으로 하는 점대칭도형입니다. 각 ㄹㄱㄴ은 몇 도인가요?

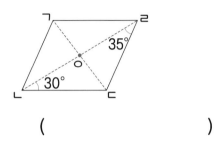

( )

48쪽

6 점 ㅇ을 대칭의 중심으로 하는 점대칭도형입니다. 이 도형의 둘레는 몇 cm인가요?

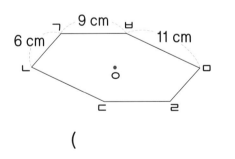

( )

8 40쪽 **도전 문제**

두 사각형은 서로 합동입니다.
사각형 ㅁㅂㅅㅇ의 둘레가 34 cm일 때 변 ㅁㅂ의 길이는 몇 cm인가요?

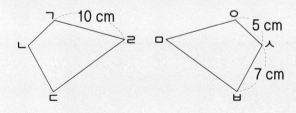

❶ 변 ㅇㅁ의 길이
→ ( )

❷ 변 ㅁㅂ의 길이
→ ( )

4 소수의 곱셈

준비
계산으로
문장제 준비하기

11일차
✦ 모두 얼마인지 구하기

✦ 몇 배 한 수 구하기

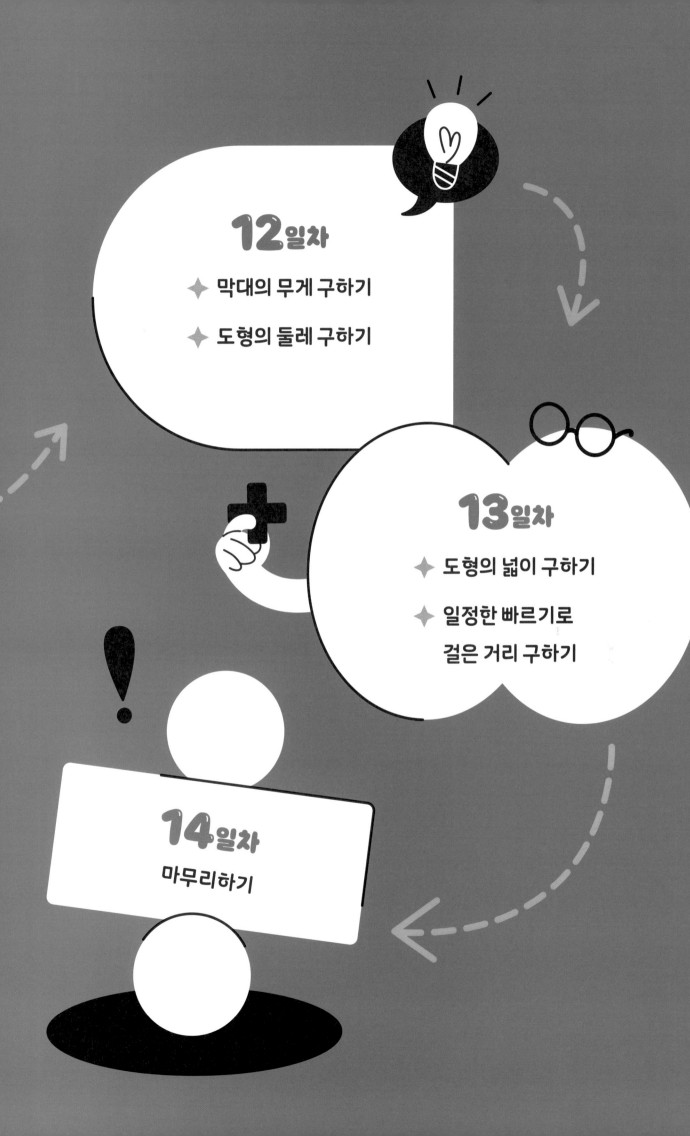

계산해 보세요.

1
```
    0.9
×     4
    3.6
```
→ 자연수의 곱셈을 한 다음 곱하는 소수의 소수점의 위치에 맞추어 곱의 결과에 소수점을 찍어요.

5
```
    0.8
×   0.6
  0.4 8
```
→ 자연수의 곱셈을 한 다음 곱하는 두 소수의 소수점 아래 자리 수의 합만큼 곱의 결과에 소수점을 찍어요.

2
```
    3.5 1
×       6
```

6
```
    2.9
×   3.5
```

3
```
      5
×   0.9
```

7
```
    1.1 4
×     0.7
```

4
```
      1 7
×   0.2 8
```

8
```
    8.5 3
×     5.3
```

정답 12쪽

⑨ $0.45 \times 8 =$

⑭ $2.08 \times 10 =$
$2.08 \times 100 =$
$2.08 \times 1000 =$
곱하는 수 10, 100, 1000의 0의 개수만큼 곱의 소수점을 오른쪽으로 옮겨요.

⑩ $1.5 \times 4 =$

⑮ $0.175 \times 10 =$
$0.175 \times 100 =$
$0.175 \times 1000 =$

⑪ $29 \times 7.19 =$

⑯ $560 \times 0.1 =$
$560 \times 0.01 =$
$560 \times 0.001 =$
곱하는 소수 0.1, 0.01, 0.001의 소수점 아래 자리 수만큼 곱의 소수점을 왼쪽으로 옮겨요.

⑫ $0.8 \times 0.16 =$

⑰ $6201 \times 0.1 =$
$6201 \times 0.01 =$
$6201 \times 0.001 =$

⑬ $5.1 \times 1.7 =$

11일 모두 얼마인지 구하기

이것만 알자   ■씩 ▲묶음은 모두 몇 개? ➔ ■×▲

예   선영이는 한 병이 <u>0.9</u> L인 콜라를 <u>3</u>병 샀습니다.
선영이가 산 콜라는 모두 몇 L인가요?

(선영이가 산 콜라의 양)
= (콜라 한 병의 양) × (병 수)

식   <u>0.9 × 3 = 2.7</u>   답   <u>2.7 L</u>

---

① 머핀 한 개를 만드는 데 밀가루 <u>0.3</u> kg이 필요합니다.
머핀 <u>7</u>개를 만드는 데 필요한 밀가루는 모두 몇 kg인가요?

식 $0.3 \times 7 =$ ☐   답 ☐ kg

머핀 한 개를 만드는 데 ●
필요한 밀가루의 무게   ● 머핀의 수

---

② 지영이는 길이가 <u>0.78</u> m인 테이프를 <u>6</u>개 샀습니다.
지영이가 산 테이프의 길이는 모두 몇 m인가요?

식   ☐ × ☐ = ☐   답 ☐ m

왼쪽 **①**, **②**번과 같이 문제의 핵심 부분에 색칠하고,
계산해야 하는 두 수에 밑줄을 그어 문제를 풀어 보세요.

③ 탁구공 한 개의 무게는 2.7 g입니다. 탁구공 5개의 무게는 모두 몇 g인가요?

식 _____   답 _____

④ 준수는 매일 자전거를 타고 2.89 km씩 달립니다.
준수가 일주일 동안 자전거를 타고 달린 거리는 모두
몇 km인가요?

식 _____

답 _____

⑤ 윤지네 반은 텃밭에서 수확한 방울토마토를 급식에서 사용하려고 합니다.
한 모둠당 1.9 kg씩 4모둠이 수확한 방울토마토는 모두 몇 kg인가요?

식 _____   답 _____

11일 몇 배 한 수 구하기

이것만 알자

■의 ▲배는? → ■ × ▲

예 도율이는 땅콩을 5 kg 캤고, 서우는 도율이가 캔 땅콩의 2.3배를 캤습니다.
서우가 캔 땅콩은 몇 kg인가요?

- -

(서우가 캔 땅콩의 양)
= (도율이가 캔 땅콩의 양) × 2.3

식   5 × 2.3 = 11.5   답   11.5 kg

① 멜론의 무게는 4 kg이고, 수박의 무게는 멜론 무게의 3.6배입니다.
수박의 무게는 몇 kg인가요?

식   4 × 3.6 = [   ]   답   [   ] kg
멜론의 무게

② 파란색 테이프는 9 m이고, 노란색 테이프의 길이는 파란색 테이프의 길이의
2.06배입니다. 노란색 테이프의 길이는 몇 m인가요?

식   [   ] × [   ] = [   ]   답   [   ] m

정답 13쪽

왼쪽 ❶, ❷번과 같이 문제의 핵심 부분에 색칠하고,
계산해야 하는 두 수에 밑줄을 그어 문제를 풀어 보세요.

③ 주희는 오늘 물 6 L의 0.28배만큼을 마셨습니다. 주희가 마신 물의 양은 몇 L인가요?

식 _____ 답 _____

④ 지유네 집에서 도서관까지의 거리는 1.4 km이고, 도서관에서 학원까지의 거리는 지유네 집에서 도서관까지의 거리의 3.5배입니다. 도서관에서 학원까지의 거리는 몇 km인가요?

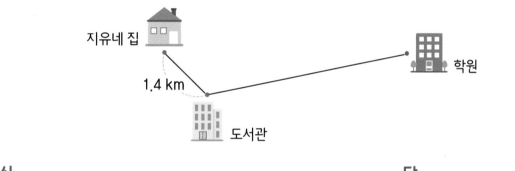

식 _____ 답 _____

⑤ 라면 한 봉지의 양은 0.12 kg입니다. 라면 한 봉지의 0.6배만큼이 탄수화물 성분이라면 라면 한 봉지에 들어 있는 탄수화물 성분은 몇 kg인가요?

식 _____ 답 _____

12일 막대의 무게 구하기

이것만 알자 0.7 m의 무게 ➔ (1 m의 무게)×0.7

예 1 m의 무게가 0.6 kg인 나무 막대가 있습니다.
이 나무 막대 0.7 m의 무게는 몇 kg인가요?

(나무 막대 0.7 m의 무게)
= (나무 막대 1 m의 무게) × 0.7

식   0.6 × 0.7 = 0.42   답   0.42 kg

① 1 m의 무게가 3.04 kg인 철근이 있습니다. 이 철근 0.8 m의 무게는 몇 kg인가요?

식   3.04 × 0.8 = [　　　]   답 [　　　] kg

철근 1 m의 무게 ●———　　　　　　●——— 철근의 길이

② 1 m의 무게가 2.45 g인 털실이 있습니다. 이 털실 0.6 m의 무게는 몇 g인가요?

식   [　　] × [　] = [　　　]   답 [　　　] g

왼쪽 ❶, ❷번과 같이 문제의 핵심 부분에 색칠하고,
계산해야 하는 두 수에 밑줄을 그어 문제를 풀어 보세요.

정답 13쪽

3 1 m의 무게가 6.8 kg인 쇠막대가 있습니다.
이 쇠막대 8.7 m의 무게는 몇 kg인가요?

식 _____ 답 _____

4 1 m의 무게가 0.39 kg인 리본이 있습니다.
이 리본 10.8 m의 무게는 몇 kg인가요?

식 _____ 답 _____

5 1 L의 페인트로 4.65 m²의 벽을 칠할 수 있다고 합니다.
16 L의 페인트로 칠할 수 있는 벽의 넓이는
몇 m²인가요?

식 _____

답 _____

도형의 둘레 구하기

이것만 알자
(정다각형의 둘레)＝(한 변의 길이)×(변의 수)
(마름모의 둘레)＝(한 변의 길이)×4

예 한 변의 길이가 <u>4.8</u> cm인 정사각형의 둘레를 구해
보세요.

4.8 cm

(정사각형의 둘레)
＝(한 변의 길이)×4

식   <u>4.8 × 4 = 19.2</u>   답   <u>19.2 cm</u>

---

1 한 변의 길이가 <u>3.6</u> cm인 정사각형의 둘레는 몇 cm인가요?

식   3.6 × 4 ＝ [   ]   답   [   ] cm

　　　한 변의 길이 ●━┛　　┗● 변의 수

---

2 한 변의 길이가 <u>6.15</u> cm인 마름모의 둘레는 몇 cm인가요?

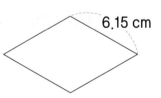

6.15 cm

식   [   ] × [ ] ＝ [   ]

답   [   ] cm

왼쪽 ❶, ❷번과 같이 문제의 핵심 부분에 색칠하고,
계산해야 하는 수들에 <u>밑줄</u>을 그어 문제를 풀어 보세요.

정답 14쪽

❸ 한 변의 길이가 0.27 m인 정오각형의 둘레는 몇 m인가요?

식 _____

답 _____

0.27 m

❹ 한 변의 길이가 5.9 cm인 정육각형의 둘레는 몇 cm인가요?

식 _____

답 _____

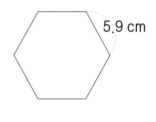

5.9 cm

❺ 직사각형의 둘레는 몇 cm인가요?

2.5 cm

5.6 cm

식 _____   답 _____

65

13일 도형의 넓이 구하기

이것만 알자

(직사각형의 넓이)=(가로)×(세로)
(정사각형의 넓이)=(한 변의 길이)×(한 변의 길이)
(평행사변형의 넓이)=(밑변의 길이)×(높이)

🍀 **예** 가로가 <u>2.3 cm</u>, 세로가 <u>4.7 cm</u>인 직사각형의 넓이는 몇 cm²인가요?

(직사각형의 넓이) = (가로) × (세로)

식   <u>2.3 × 4.7 = 10.81</u>   답   <u>10.81 cm²</u>

---

1 가로가 <u>15.6 m</u>, 세로가 <u>13.8 m</u>인 직사각형의 넓이는 몇 m²인가요?

식   <u>15.6</u> × <u>13.8</u> = ☐   답 ☐ m²

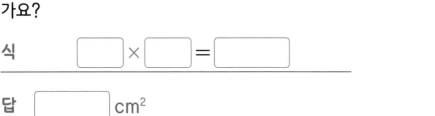

가로 ●━┘ ┗━● 세로

2 한 변의 길이가 <u>5.2 cm</u>인 정사각형의 넓이는 몇 cm²인가요?

5.2 cm

식   ☐ × ☐ = ☐

답 ☐ cm²

왼쪽 ①, ②번과 같이 문제의 핵심 부분에 색칠하고,
계산해야 하는 수들에 밑줄을 그어 문제를 풀어 보세요.

정답 14쪽

③ 평행사변형의 넓이는 몇 cm²인가요?

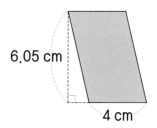

6.05 cm

4 cm

식 _____

답 _____

④ 가로가 8.5 cm, 세로가 5.3 cm인 직사각형 모양의
교통카드가 있습니다. 이 교통카드의 넓이는
몇 cm²인가요?

교통카드

식 _____

답 _____

⑤ 한 변의 길이가 9.2 cm인 정사각형 모양의 색종이가 있습니다.
색종이의 넓이는 몇 cm²인가요?

식 _____   답 _____

이것만 알자

일정한 빠르기로 ~ 동안 걸은 거리
→ **(한 시간 동안 걸은 거리)×(걸은 시간)**

예 태주는 일정한 빠르기로 1시간에 4.3 km를 걷습니다.
태주가 같은 빠르기로 1시간 30분 동안 걸은 거리는 몇 km인가요?

시간을 소수로 나타내면

$1시간\ 30분 = 1\frac{30}{60}시간$

$\qquad\qquad\quad = 1\frac{5}{10}시간 = 1.5시간입니다.$

⇨ (태주가 1시간 30분 동안 걸은 거리)

$\quad = 4.3 \times 1.5 = 6.45(km)$

답 _6.45 km_

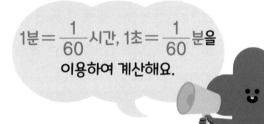

1분$= \frac{1}{60}$시간, 1초$= \frac{1}{60}$분을
이용하여 계산해요.

---

1 물이 1분에 4 L씩 일정하게 나오는 수도가 있습니다.
이 수도에서 8분 24초 동안 받은 물은 몇 L인가요?

풀이

$8분\ 24초 = 8\frac{24}{60}분 = 8\frac{4}{10}분 = \boxed{}분$

⇨ (8분 24초 동안 받은 물의 양)

$= 4 \times 8.4 = \boxed{}(L)$

└ 1분 동안 받은
물의 양

└ 물을 받은 시간

답 $\boxed{}$ L

왼쪽 **1**번과 같이 문제의 핵심 부분에 색칠하고,
소수로 나타내어야 하는 시간에 밑줄을 그어 문제를 풀어 보세요.

2 사랑이는 일정한 빠르기로 자전거를 타고 한 시간에 13.4 km를 달립니다. 같은
빠르기로 사랑이가 자전거를 타고 2시간 30분 동안 달린 거리는 몇 km인가요?

풀이

답 _____

3 1분에 4.5 km를 가는 기차가 있습니다. 이 기차가 같은
빠르기로 12분 45초 동안 간 거리는 몇 km인가요?

풀이

답 _____

4 1시간에 물을 0.4 L씩 일정하게 내뿜는 가습기가 있습니다.
이 가습기를 1시간 15분 동안 사용했을 때 내뿜는 물의 양은 모두 몇 L인가요?

풀이

답 _____

14일 마무리하기

58쪽

1 소민이는 길이가 0.7 m인 리본을 15개 가지고 있습니다. 소민이가 가지고 있는 리본의 길이는 모두 몇 m인가요?

(   )

60쪽

3 서준이는 냉장고에 있는 식혜 3 L의 0.25배만큼을 마셨습니다. 서준이가 마신 식혜는 몇 L인가요?

(   )

60쪽

2 정우의 몸무게는 31.5 kg이고, 어머니의 몸무게는 정우 몸무게의 1.8배입니다. 어머니의 몸무게는 몇 kg인가요?

(   )

62쪽

4 1 m의 무게가 1.85 kg인 철사가 있습니다. 이 철사 45.6 m의 무게는 몇 kg인가요?

(   )

64쪽

5 한 변의 길이가 11.5 cm인 마름모의 둘레는 몇 cm인가요?

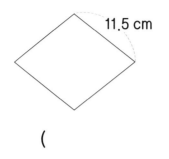

11.5 cm

(   )

66쪽

6 평행사변형의 넓이는 몇 cm²인가요?

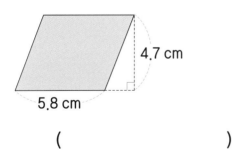

4.7 cm

5.8 cm

(   )

66쪽

7 가로가 27.3 cm, 세로가 22 cm인 직사각형 모양의 캔버스가 있습니다. 이 캔버스의 넓이는 몇 cm²인가요?

(   )

8 68쪽   **도전 문제**

한 시간에 80 km를 달리는 자동차가 같은 빠르기로 3시간 30분 동안 달렸습니다. 이 자동차가 1 km를 가는 데 휘발유가 0.12 L 필요하다면 3시간 30분 동안 달리는 데 사용한 휘발유는 몇 L인가요?

❶ 3시간 30분은 몇 시간인지 소수로 나타내기

→ (   )

❷ 자동차가 3시간 30분 동안 달린 거리

→ (   )

❸ 3시간 30분 동안 달리는 데 사용한 휘발유의 양

→ (   )

5 직육면체

준비

기본 문제로
문장제 준비하기

15일차

✦ 정육면체의 모든 모서리의
  길이의 합 구하기

✦ 직육면체의 모든 모서리의
  길이의 합 구하기

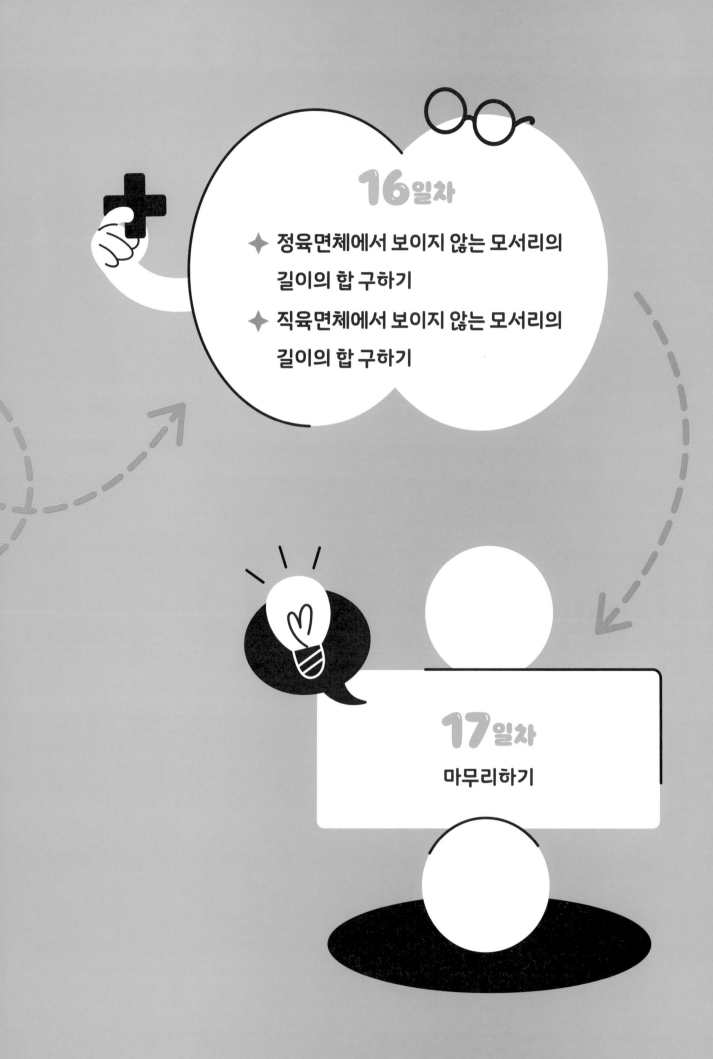

16일차

✦ 정육면체에서 보이지 않는 모서리의
길이의 합 구하기

✦ 직육면체에서 보이지 않는 모서리의
길이의 합 구하기

17일차

마무리하기

1 그림을 보고 ☐ 안에 알맞은 말을 써넣으세요.

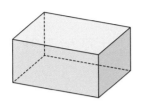

직사각형 **6**개로 둘러싸인 도형을

☐ (이)라고 합니다.

● 면: 직육면체에서 선분으로 둘러싸인 부분
─ 모서리: 면과 면이 만나는 선분
─ 꼭짓점: 모서리와 모서리가 만나는 점

2 ☐ 안에 직육면체의 각 부분의 이름을 알맞게 써넣으세요.

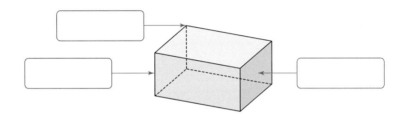

3 그림을 보고 ☐ 안에 알맞은 말을 써넣으세요.

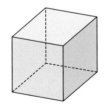

정사각형 **6**개로 둘러싸인 도형을

☐ (이)라고 합니다.

4 직육면체에서 색칠한 면과 평행한 면을 찾아 색칠해 보세요.

(1) 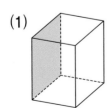　　(2) 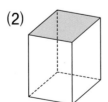　　(3)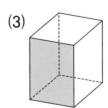

5 직육면체의 겨냥도를 보고 알맞은 말에 ◯표 하세요.

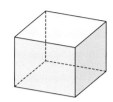

직육면체의 겨냥도는 직육면체 모양을 잘 알 수 있도록
보이는 모서리는 (실선 , 점선)으로, 보이지 않는 모서리는
(실선 , 점선)으로 그린 그림입니다.

6 ◻ 안에 알맞은 말을 써넣으세요.

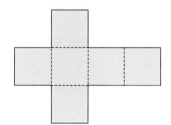

정육면체의 모서리를 잘라서 펼친 그림을
정육면체의 [ ]   (이)라고 합니다.

7 직육면체의 전개도를 보고 알맞은 말에 ◯표 하고,
◻ 안에 알맞은 수를 써넣으세요.

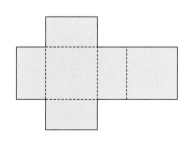

직육면체의 전개도에서 잘린 모서리는
(실선 , 점선)으로, 잘리지 않은 모서리는
(실선 , 점선)으로 그립니다.
직육면체의 전개도에는 모양과 크기가 같은 면이
[ ] 쌍 있습니다.

15일 정육면체의 모든 모서리의 길이의 합 구하기

이것만 알자

**(정육면체의 모든 모서리의 길이의 합)
=(한 모서리의 길이)×12**

예 오른쪽 정육면체의 모든 모서리의 길이의 합은
몇 cm인가요?

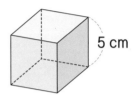

5 cm

(정육면체의 모든 모서리의 길이의 합)
= (한 모서리의 길이) × 12

정육면체는 길이가 같은
모서리가 모두 12개예요.

식 $5 × 12 = 60$

답 60 cm

---

1 오른쪽 정육면체의 모든 모서리의 길이의 합은 몇 cm인가요?

식 $7 × 12 = \boxed{}$

답 $\boxed{}$ cm

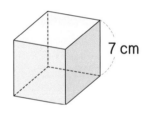

7 cm

---

2 한 모서리의 길이가 9 cm인 정육면체의 모든 모서리의 길이의 합은 몇 cm인가요?

식 $\boxed{} × \boxed{} = \boxed{}$

답 $\boxed{}$ cm

왼쪽 **1**, **2**번과 같이 문제의 핵심 부분에 색칠하고,
문제를 풀어 보세요.

3 한 모서리의 길이가 3 cm인 주사위가 있습니다.
이 주사위의 모든 모서리의 길이의 합은 몇 cm인가요?

3 cm

식 _____

답 _____

4 한 모서리의 길이가 15 cm인 정육면체 모양의 상자가
있습니다. 이 상자의 모든 모서리의 길이의 합은
몇 cm인가요?

15 cm

식 _____

답 _____

5 한 모서리의 길이가 21 cm인 정육면체의 모든 모서리의 길이의 합은
몇 cm인가요?

식 _____   답 _____

직육면체의 모든 모서리의 길이의 합 구하기

이것만 알자

**(직육면체의 모든 모서리의 길이의 합)
=(한 꼭짓점에서 만나는 세 모서리의 길이의 합)×4**

예 오른쪽 직육면체의 모든 모서리의 길이의 합은 몇 cm인가요?

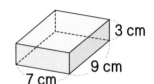

길이가 7 cm, 9 cm, 3 cm인 모서리가 각각 4개입니다.

⇨ (직육면체의 모든 모서리의 길이의 합)

= (한 꼭짓점에서 만나는 세 모서리의 길이의 합) × 4

식　(7 + 9 + 3) × 4 = 76　　답　76 cm

---

1 오른쪽 직육면체의 모든 모서리의 길이의 합은 몇 cm인가요?

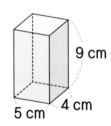

식　(5 + 4 + 9) × 4 = ☐

　　└● 한 꼭짓점에서 만나는 세 모서리의 길이의 합

답　☐ cm

---

2 오른쪽 직육면체의 모든 모서리의 길이의 합은 몇 cm인가요?

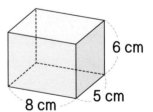

식　(☐ + ☐ + ☐) × 4 = ☐

답　☐ cm

정답 17쪽

왼쪽 ❶, ❷번과 같이 문제의 핵심 부분에 색칠하고,
문제를 풀어 보세요.

3 오른쪽 직육면체의 모든 모서리의 길이의 합은
몇 cm인가요?

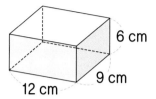

식 _____

답 _____

4 오른쪽 직육면체의 모든 모서리의 길이의 합은
몇 cm인가요?

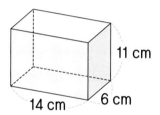

식 _____

답 _____

5 오른쪽과 같은 직육면체 모양의 상자가 있습니다.
이 상자의 모든 모서리의 길이의 합은 몇 cm인가요?

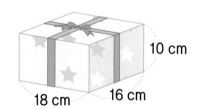

식

답 _____

16일 정육면체에서 보이지 않는 모서리의 길이의 합 구하기

> **이것만 알자**
>
> **(정육면체에서 보이지 않는 모서리의 길이의 합)**
> **=(한 모서리의 길이)×3**

🍀 **예** 오른쪽 정육면체에서 보이지 않는 모서리의 길이의 합은 몇 cm인가요?

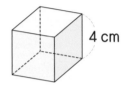

4 cm

보이는 모서리: 9개, 보이지 않는 모서리: 3개

⇨ (정육면체에서 보이지 않는 모서리의 길이의 합)

= (한 모서리의 길이) × 3

식 $4 × 3 = 12$ 답 12 cm

---

1 오른쪽 정육면체에서 보이지 않는 모서리의 길이의 합은 몇 cm인가요?

9 cm

식 $9 × 3 = \boxed{}$

답 $\boxed{}$ cm

2 오른쪽 정육면체에서 보이지 않는 모서리의 길이의 합은 몇 cm인가요?

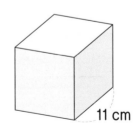

11 cm

식 $\boxed{} × \boxed{} = \boxed{}$

답 $\boxed{}$ cm

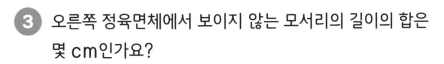

3 오른쪽 정육면체에서 보이지 않는 모서리의 길이의 합은
몇 cm인가요?

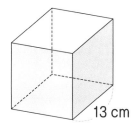

13 cm

식 _____

답 _____

4 한 모서리의 길이가 6 cm인 루빅큐브가 있습니다.
이 루빅큐브의 보이지 않는 모서리의 길이의 합은
몇 cm인가요?

6 cm

식 _____

답 _____

5 오른쪽 정육면체에서 보이지 않는 모서리의 길이의 합은
몇 cm인가요?

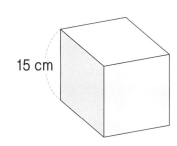

15 cm

식 _____

답 _____

16일 직육면체에서 보이지 않는 모서리의 길이의 합 구하기

이것만 알자

(직육면체에서 보이지 않는 모서리의 길이의 합)
=(한 꼭짓점에서 만나는 세 모서리의 길이의 합)

예 오른쪽 직육면체에서 보이지 않는 모서리의 길이의 합은
몇 cm인가요?

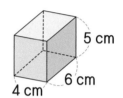

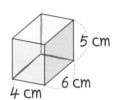

보이지 않는 모서리는 길이가 4 cm, 6 cm, 5 cm인 모서리가 각각
1개입니다.

⇨ (직육면체에서 보이지 않는 모서리의 길이의 합)

= (한 꼭짓점에서 만나는 세 모서리의 길이의 합)

식   4 + 6 + 5 = 15   답   15 cm

---

1 오른쪽 직육면체에서 보이지 않는 모서리의 길이의 합은
몇 cm인가요?

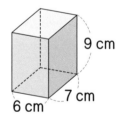

식   6+7+9=☐
               └━●한 꼭짓점에서 만나는 세 모서리의 길이의 합

답   ☐ cm

2 오른쪽 직육면체 모양의 나무 도막에서 보이지 않는
모서리의 길이의 합은 몇 cm인가요?

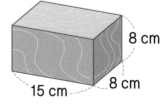

식   ☐ + ☐ + ☐ = ☐

답   ☐ cm

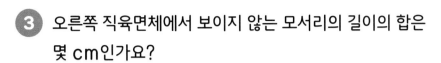

왼쪽 ❶, ❷번과 같이 문제의 핵심 부분에 색칠하고,
문제를 풀어 보세요.

정답 18쪽

3 오른쪽 직육면체에서 보이지 않는 모서리의 길이의 합은
몇 cm인가요?

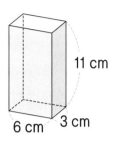

식 _____

답 _____

4 오른쪽 직육면체에서 보이지 않는 모서리의 길이의 합은
몇 cm인가요?

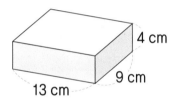

식 _____

답 _____

5 오른쪽과 같은 직육면체 모양의 필통이 있습니다.
이 필통에서 보이지 않는 모서리의 길이의 합은
몇 cm인가요?

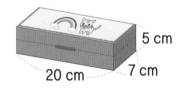

식 _____   답 _____

17일 마무리하기

76쪽

1 정육면체의 모든 모서리의 길이의 합은 몇 cm인가요?

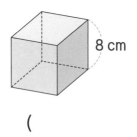

8 cm

(   )

78쪽

3 직육면체의 모든 모서리의 길이의 합은 몇 cm인가요?

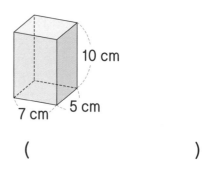

10 cm

7 cm   5 cm

(   )

76쪽

2 한 모서리의 길이가 12 cm인 정육면체의 모든 모서리의 길이의 합은 몇 cm인가요?

(   )

80쪽

4 정육면체에서 보이지 않는 모서리의 길이의 합은 몇 cm인가요?

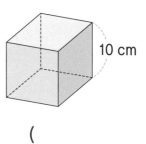

10 cm

(   )

80쪽

5 정육면체에서 보이지 않는 모서리의 길이의 합은 몇 cm인가요?

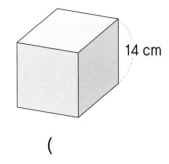

14 cm

(　　　　　　　　)

82쪽

6 직육면체에서 보이지 않는 모서리의 길이의 합은 몇 cm인가요?

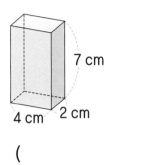

7 cm

4 cm　2 cm

(　　　　　　　　)

82쪽

7 직육면체에서 보이지 않는 모서리의 길이의 합은 몇 cm인가요?

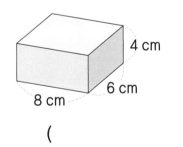

4 cm

6 cm

8 cm

(　　　　　　　　)

8 78쪽

도전 문제

직육면체의 모든 모서리의 길이의 합은 96 cm입니다. ☐ 안에 알맞은 수는 얼마인가요?

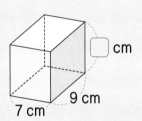

☐ cm

9 cm

7 cm

❶ 한 꼭짓점에서 만나는 세 모서리의 길이의 합
　　　→ (　　　　　　　　)

❷ ☐ 안에 알맞은 수
　　　→ (　　　　　　　　)

85

6 평균과 가능성

준비
기본 문제로
문장제 준비하기

18일차

✦ 평균 구하기

✦ 평균을 이용하여 자료의
값 구하기

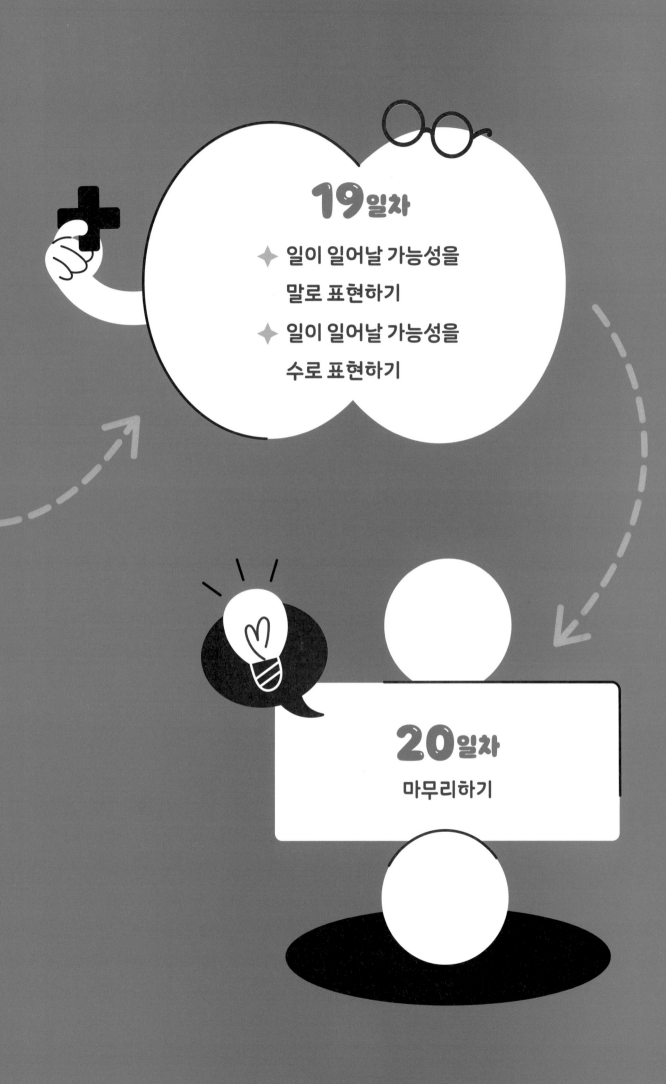

1 승희네 모둠이 투호에서 넣은 화살 수를 나타낸 표입니다. 물음에 답하세요.

승희네 모둠이 넣은 화살 수

이름	승희	선우	재영	현민
넣은 화살 수(개)	5	6	7	6

(1) 한 사람당 넣은 화살 수를 정하는 올바른 방법에 ◯표 하세요.

각자 넣은 화살 수 5, 6, 7, 6 중 가장 큰 수인 7로 정합니다.

(   )

각자 넣은 화살 수 5, 6, 7, 6을 고르게 하면 6, 6, 6, 6이므로 6으로 정합니다.

(   )

(2) 한 사람이 넣은 화살 수의 평균은 몇 개인가요?

└─● 자료의 값을 고르게 하여 나타낼 때, 그 자료를 대표하는 값

(   )

2 학생들이 가지고 있는 연필 수를 나타낸 표입니다.

학생들이 가지고 있는 연필 수의 평균을 구해 보세요.

└─● (평균)=(자료의 값을 모두 더한 수)÷(자료의 수)

학생들이 가지고 있는 연필 수

이름	희재	명수	정훈	혜지
연필 수(자루)	4	8	9	7

$$(\text{연필 수의 평균}) = (\boxed{} + \boxed{} + \boxed{} + \boxed{}) \div \boxed{}$$

$$= \boxed{} \div \boxed{} = \boxed{} (\text{자루})$$

✦ 일이 일어날 가능성을 생각해 보고, 알맞게 표현한 곳에 ◯표 하세요.

③

금요일 다음 날이 토요일일 가능성

불가능하다	~아닐 것 같다	반반이다	~일 것 같다	확실하다

④

은행에서 뽑은 대기 번호표의 번호가 홀수일 가능성

불가능하다	~아닐 것 같다	반반이다	~일 것 같다	확실하다

⑤ 일이 일어날 가능성이 '불가능하다'이면 0, '반반이다'이면 $\frac{1}{2}$, '확실하다'이면 1로 표현할 때, 회전판에서 화살이 빨간색에 멈출 가능성을 말과 수로 표현해 보세요.

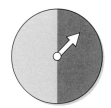

말로 표현하기 (   )

수로 표현하기 (   )

18일 평균 구하기

이것만 알자 **(평균)＝(자료의 값을 모두 더한 수)÷(자료의 수)**

예 재윤이가 월요일부터 목요일까지 운동한 시간을 조사하여 나타낸 표입니다.
표를 보고 재윤이의 하루 운동 시간의 평균을 구해 보세요.

재윤이의 하루 운동 시간

요일	월	화	수	목
운동 시간(분)	30	50	45	55

(하루 운동 시간의 평균)

＝(운동 시간의 합)÷(운동한 날수)

식　　(30＋50＋45＋55)÷4＝45　　　　답　　45분

① 정수네 학교 5학년 반별 학생 수를 나타낸 표입니다. 표를 보고 한 반 학생 수의
평균을 구해 보세요.

반별 학생 수

반	1	2	3	4	5
학생 수(명)	24	23	28	26	24

식　　(24＋23＋28＋26＋24)÷5＝☐
　　　　　　　반별 학생 수의 합 ●　　　　　● 반 수

답　☐ 명

2 어느 지역의 4일 동안의 하루 최고 기온을 조사하여 나타낸 표입니다.
표를 보고 하루 최고 기온의 평균을 구해 보세요.

하루 최고 기온

요일	월	화	수	목
최고 기온(℃)	13	11	15	17

식 _____ 답 _____

3 학생들의 몸무게를 조사한 것입니다. 학생들의 몸무게의 평균을 구해 보세요.

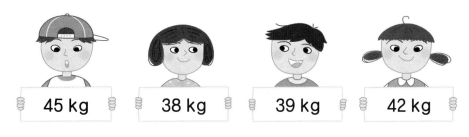

45 kg　　38 kg　　39 kg　　42 kg

식 _____ 답 _____

4 볼링공 무게의 단위는 '파운드'를 씁니다. 볼링공 무게의 평균을 구해 보세요.

7파운드　　15파운드　　16파운드　　10파운드　　12파운드

식 _____ 답 _____

18일 평균을 이용하여 자료의 값 구하기

(모르는 자료의 값)
= (평균) × (자료의 수) − (나머지 자료의 값의 합)

예 어느 봉사 동아리 회원들의 나이를 나타낸 표입니다. 회원들의 나이의 평균이 13살일 때, 민주의 나이는 몇 살인가요?

봉사 동아리 회원들의 나이

이름	진영	준호	세진	민주
나이(살)	14	12	16	

(민주의 나이)
 = (회원들의 나이의 평균) × (회원 수) − (나머지 회원들의 나이의 합)

식 $13 \times 4 - (14 + 12 + 16) = 10$ 답 10살

---

1 승연이의 과목별 점수를 나타낸 표입니다. 네 과목 점수의 평균이 83점일 때, 영어 점수는 몇 점인가요?

과목별 점수

과목	국어	수학	영어	과학
점수(점)	82	92		74

식 $83 \times 4 - (82 + 92 + 74) =$ ☐   답 ☐ 점

2 동훈이네 모둠이 한 학기 동안 읽은 책의 수를 나타낸 표입니다. 동훈이네 모둠이 읽은 책 수의 평균이 28권일 때, 동훈이가 읽은 책은 몇 권인가요?

동훈이네 모둠이 읽은 책의 수

이름	동훈	수영	은재	세영
책의 수(권)		30	26	18

식   답

3 재민이네 모둠의 키를 나타낸 표입니다. 재민이네 모둠의 키의 평균이 148 cm일 때, 정연이의 키는 몇 cm인가요?

재민이네 모둠의 키

이름	재민	소윤	은석	정연
키(cm)	148	143	154	

식   답

4 어느 빵 가게에서 요일별 크림빵 판매량을 조사하여 나타낸 표입니다. 5일 동안 판매한 크림빵 수의 평균이 70개일 때, 금요일에 판매한 크림빵은 몇 개인가요?

5일 동안 판매한 크림빵 수

요일	월	화	수	목	금
크림빵 수(개)	73	65	85	68	

식   답

19일 일이 일어날 가능성을 말로 표현하기

가능성을 말로 표현하기
➡ **불가능하다 / ~아닐 것 같다 / 반반이다 / ~일 것 같다 / 확실하다**

예 파란색 구슬만 4개 들어 있는 상자에서 구슬 1개를 꺼낼 때 파란색 구슬을 꺼낼 가능성을 말로 표현해 보세요.

상자 안에는 파란색 구슬만 들어 있으므로 파란색 구슬을 꺼낼 가능성은 '확실하다'입니다.

답   확실하다

① 빨간색 구슬과 노란색 구슬이 각각 1개씩 들어 있는 주머니에서 구슬 1개를 꺼낼 때 노란색 구슬을 꺼낼 가능성을 말로 표현해 보세요.

(   )

② 주사위 한 개를 굴릴 때 눈의 수가 1보다 큰 수가 나올 가능성에 ◯표 하세요.

불가능하다	~아닐 것 같다	반반이다
~일 것 같다		확실하다

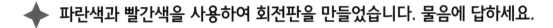

◆ **파란색과 빨간색을 사용하여 회전판을 만들었습니다. 물음에 답하세요.**

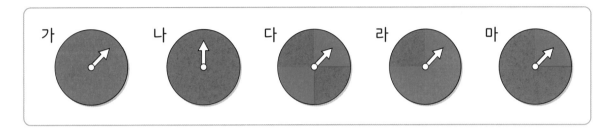

3 화살이 파란색에 멈추는 것이 불가능한 회전판을 찾아 기호를 써 보세요.

( )

4 화살이 파란색에 멈출 가능성과 빨간색에 멈출 가능성이 비슷한 회전판을 찾아
기호를 써 보세요.

( )

5 화살이 파란색에 멈출 가능성이 높은 회전판부터 순서대로 기호를 써 보세요.

( )

19일 일이 일어날 가능성을 수로 표현하기

불가능하다	반반이다	확실하다
1	$\frac{1}{2}$	0

예 주사위를 한 번 굴릴 때 주사위 눈의 수가 짝수로 나올 가능성을 수로 표현해 보세요.

주사위의 눈의 수는 1, 2, 3, 4, 5, 6으로 6가지이고, 이 중에서 짝수인 경우는 2, 4, 6으로 3가지입니다.

따라서 주사위 눈의 수가 짝수로 나올 가능성은 '반반이다'이며,

이를 수로 표현하면 $\frac{1}{2}(=\frac{3}{6})$입니다.

답 $\frac{1}{2}$

---

1 검은색 바둑돌만 4개 들어 있는 주머니에서 바둑돌 1개를 꺼낼 때 흰색 바둑돌을 꺼낼 가능성을 수로 표현해 보세요.

(   )

2 수연이가 ○× 문제를 풀고 있습니다. ×라고 답했을 때 정답을 맞혔을 가능성을 수로 표현해 보세요.

(   )

정답 21쪽

왼쪽 ❶, ❷번과 같이 문제의 핵심 부분에 색칠하고,
문제를 풀어 보세요.

3 당첨제비만 6개 들어 있는 제비뽑기 상자에서 제비 1개를 뽑을 때
뽑은 제비가 당첨 제비일 가능성을 수로 표현해 보세요.

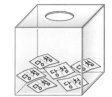

(   )

4 딸기 맛 사탕 2개와 초콜릿 맛 사탕 2개가 들어 있는 주머니에서
사탕 1개를 꺼낼 때 꺼낸 사탕이 딸기 맛일 가능성을 수로 표현해
보세요.

(   )

5 다음 카드 중에서 한 장을 뽑을 때 ◆ 카드를 뽑을 가능성을 수로 표현해 보세요.

(   )

20일 마무리하기

90쪽

1 경아의 윗몸 일으키기 기록을 나타낸 표입니다. 경아의 윗몸 일으키기 기록의 평균을 구해 보세요.

경아의 윗몸 일으키기 기록

회	1회	2회	3회
기록(번)	21	18	24

(   )

90쪽

2 은진이와 친구들이 가지고 있는 연필 수의 평균을 구해 보세요.

7자루
은진

11자루
재호

9자루
세영

5자루
진수

(   )

94쪽

3 동전 1개를 던질 때 숫자 면이 나올 가능성을 말로 표현해 보세요.

(   )

96쪽

4 주사위를 한 번 굴릴 때 주사위 눈의 수가 1 미만일 가능성을 수로 표현해 보세요.

(   )

94쪽

5 회전판에서 화살이 빨간색에 멈출 가능성이 높은 순서대로 기호를 써 보세요.

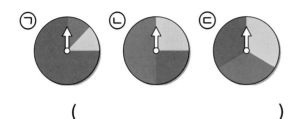

( )

96쪽

7 상자에 **1** , **2** , **3** , **4** 의 수 카드가 들어 있습니다. 이 중에서 카드 1장을 꺼냈을 때 꺼낸 카드에 적힌 수가 홀수일 가능성을 수로 표현해 보세요.

( )

92쪽

6 준호의 제기차기 기록을 나타낸 표입니다. 준호의 제기차기 기록의 평균이 17개일 때, 4회의 기록은 몇 개인가요?

준호의 제기차기 기록

회	기록(개)	회	기록(개)
1	18	3	19
2	16	4	

( )

8 92쪽 **도전 문제**

현수네 모둠과 준희네 모둠의 고리 던지기 결과입니다. 두 모둠의 평균이 같을 때, ☐ 안에 알맞은 수를 구해 보세요.

현수네 모둠

4개, 7개, 4개, 9개

준희네 모둠

7개, 3개, 8개, 4개, ☐개

❶ 현수네 모둠의 고리 던지기 결과의 평균
→ ( )

❷ ☐ 안에 알맞은 수
→ ( )

1회   실력 평가

1 반별 동생이 있는 학생 수를 조사하여 나타낸 표입니다. 동생이 있는 학생이 5명 초과 10명 미만인 반을 모두 써 보세요.

반별 동생이 있는 학생 수

반	학생 수(명)	반	학생 수(명)
1	5	3	6
2	10	4	9

(   )

2 영재는 우유 $\frac{3}{5}$ L의 $\frac{1}{3}$ 만큼을 마셨습니다. 영재가 마신 우유는 몇 L인가요?

(   )

3 정오각형의 둘레는 몇 cm인가요?

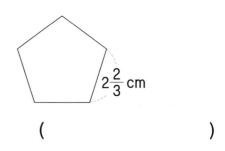

$2\frac{2}{3}$ cm

(   )

4 1 m의 무게가 3.4 kg인 나무 막대가 있습니다. 이 나무 막대 6.2 m의 무게는 몇 kg인가요?

(   )

정답 22쪽

5 현수의 제기차기 기록을 나타낸 표입니다. 현수의 제기차기 기록의 평균을 구해 보세요.

제기차기 기록

회	1회	2회	3회
기록(개)	7	11	9

(   )

6 직선 ㅅㅇ을 대칭축으로 하는 선대칭도형입니다. 이 도형의 둘레는 몇 cm인가요?

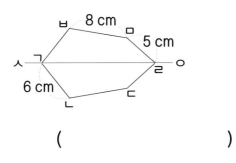

(   )

7 직육면체에서 보이지 않는 모서리의 길이의 합은 몇 cm인가요?

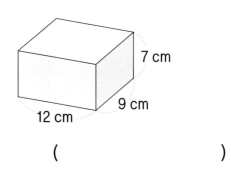

(   )

8 한 시간에 76.4 km를 달리는 자동차가 있습니다. 이 자동차가 같은 빠르기로 1시간 15분 동안 간 거리는 몇 km인가요?

(   )

2회 실력 평가

1 은미의 몸무게는 36.7 kg입니다. 은미의 몸무게를 반올림하여 일의 자리까지 나타내어 보세요.

(   )

3 두 삼각형은 서로 합동입니다. 각 ㄴㄷㄱ의 크기는 몇 도인가요?

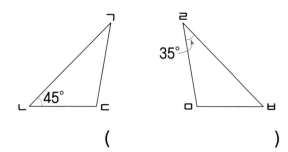

(   )

2 빨간색 테이프의 길이는 6 m이고, 파란색 테이프의 길이는 빨간색 테이프의 길이의 $2\frac{5}{8}$배입니다. 파란색 테이프의 길이는 몇 m인가요?

(   )

4 의자의 무게는 5.4 kg이고, 책상의 무게는 의자 무게의 2.8배입니다. 책상의 무게는 몇 kg인가요?

(   )

정답 22쪽

5 가로가 9.7 m, 세로가 12.4 m인 직사각형 모양의 밭이 있습니다. 이 밭의 넓이는 몇 m²인가요?

( )

7 정육면체의 모든 모서리의 길이의 합은 몇 cm인가요?

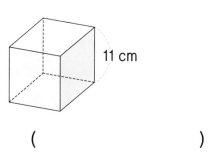

11 cm

( )

6 점 ㅇ을 대칭의 중심으로 하는 점대칭도형입니다. 이 도형의 둘레는 몇 cm인가요?

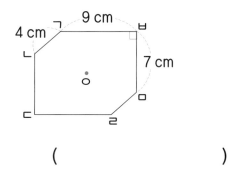

9 cm

4 cm

7 cm

ㅇ

( )

8 지민이가 공 멀리 던지기를 4번 한 기록입니다. 공 멀리 던지기 기록의 평균이 15 m가 되려면 5회에 몇 m를 던져야 하나요?

| 13 m 16 m 14 m 15 m |

( )

MEMO

5B
5학년 ◆ 기본

교과서 문해력
수학 문장제

공부로 이끄는 힘!

완자 공부력

전체의 $\frac{3}{4}$ 만큼은 얼마일까요?

정답과 해설

정답과 해설
QR코드

visang

공부로 이끄는 힘!

완자 공부력

교과서 문해력
수학 문장제 기본 5B

< 정답과 해설 >

1 수의 범위와 어림하기

10-11쪽

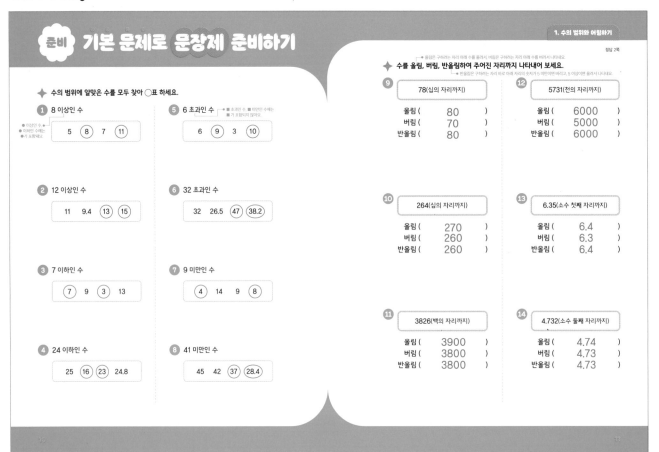

1. 수의 범위와 어림하기

준비 기본 문제로 문장제 준비하기

◆ 수의 범위에 알맞은 수를 모두 찾아 ○표 하세요.

1 8 이상인 수
5 (8) 7 (11)

5 6 초과인 수
6 (9) 3 (10)

2 12 이상인 수
11 9.4 (13) (15)

6 32 초과인 수
32 26.5 (47) (38.2)

3 7 이하인 수
(7) 9 (3) 13

7 9 미만인 수
(4) 14 9 (8)

4 24 이하인 수
25 (16) (23) 24.8

8 41 미만인 수
45 42 (37) (28.4)

◆ 수를 올림, 버림, 반올림하여 주어진 자리까지 나타내어 보세요.

9 78(십의 자리까지)
올림 (80)
버림 (70)
반올림 (80)

12 5731(천의 자리까지)
올림 (6000)
버림 (5000)
반올림 (6000)

10 264(십의 자리까지)
올림 (270)
버림 (260)
반올림 (260)

13 6.35(소수 첫째 자리까지)
올림 (6.4)
버림 (6.3)
반올림 (6.4)

11 3826(백의 자리까지)
올림 (3900)
버림 (3800)
반올림 (3800)

14 4.732(소수 둘째 자리까지)
올림 (4.74)
버림 (4.73)
반올림 (4.73)

12-13쪽

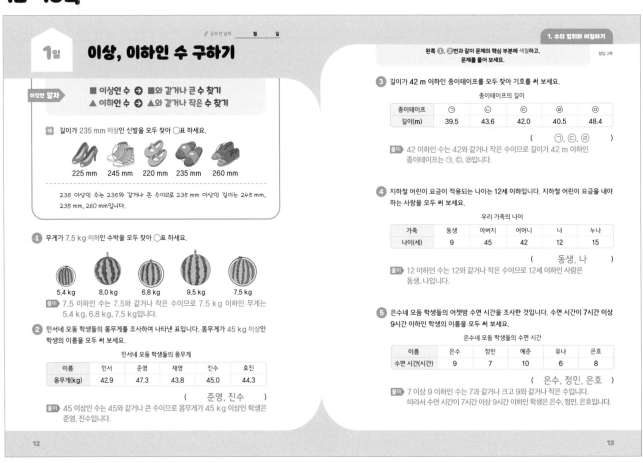

1일 이상, 이하인 수 구하기

이것만 알자
■ 이상인 수 → ■와 같거나 큰 수 찾기
▲ 이하인 수 → ▲와 같거나 작은 수 찾기

예 길이가 235 mm 이상인 신발을 모두 찾아 ○표 하세요.

225 mm 245 mm 220 mm 235 mm 260 mm

235 이상인 수는 235와 같거나 큰 수이므로 235 mm 이상인 길이는 245 mm, 235 mm, 260 mm입니다.

1 무게가 7.5 kg 이하인 수박을 모두 찾아 ○표 하세요.

5.4 kg 8.0 kg 6.8 kg 9.5 kg 7.5 kg

풀이 7.5 이하인 수는 7.5와 같거나 작은 수이므로 7.5 kg 이하인 무게는 5.4 kg, 6.8 kg, 7.5 kg입니다.

2 민서네 모둠 학생들의 몸무게를 조사하여 나타낸 표입니다. 몸무게가 45 kg 이상인 학생의 이름을 모두 써 보세요.

민서네 모둠 학생들의 몸무게

이름	민서	준영	재영	진수	효진
몸무게(kg)	42.9	47.3	43.8	45.0	44.3

(준영, 진수)

풀이 45 이상인 수는 45와 같거나 큰 수이므로 몸무게가 45 kg 이상인 학생은 준영, 진수입니다.

1. 수의 범위와 어림하기

3 길이가 42 m 이하인 종이테이프를 모두 찾아 기호를 써 보세요.

종이테이프의 길이

종이테이프	㉠	㉡	㉢	㉣	㉤
길이(m)	39.5	43.6	42.0	40.5	48.4

(㉠, ㉢, ㉣)

풀이 42 이하인 수는 42와 같거나 작은 수이므로 길이가 42 m 이하인 종이테이프는 ㉠, ㉢, ㉣입니다.

4 지하철 어린이 요금이 적용되는 나이는 12세 이하입니다. 지하철 어린이 요금을 내야 하는 사람을 모두 써 보세요.

우리 가족의 나이

가족	동생	아버지	어머니	나	누나
나이(세)	9	45	42	12	15

(동생, 나)

풀이 12 이하인 수는 12와 같거나 작은 수이므로 12세 이하인 사람은 동생, 나입니다.

5 은수네 모둠 학생들의 어젯밤 수면 시간을 조사한 것입니다. 수면 시간이 7시간 이상 9시간 이하인 학생의 이름을 모두 써 보세요.

은수네 모둠 학생들의 수면 시간

이름	은수	정민	예준	유나	은호
수면 시간(시간)	9	7	10	6	8

(은수, 정민, 은호)

풀이 7 이상 9 이하인 수는 7과 같거나 크고 9와 같거나 작은 수입니다. 따라서 수면 시간이 7시간 이상 9시간 이하인 학생은 은수, 정민, 은호입니다.

14-15쪽

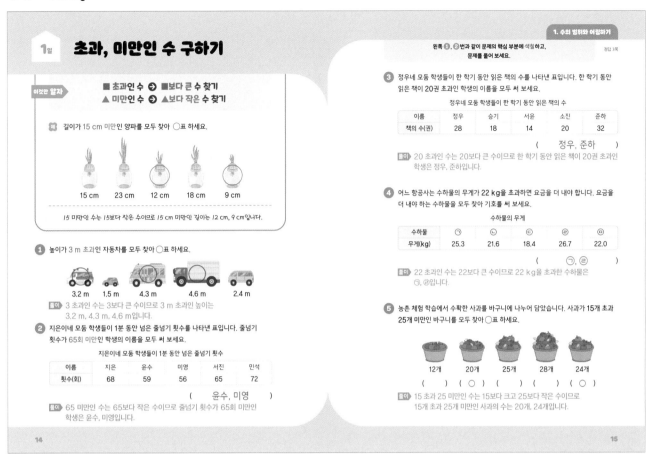

1일 초과, 미만인 수 구하기

이것만 알자
- ■ 초과인 수 ➡ ■보다 큰 수 찾기
- ▲ 미만인 수 ➡ ▲보다 작은 수 찾기

예 길이가 15 cm 미만인 양파를 모두 찾아 ○표 하세요.

15 cm 23 cm 12 cm 18 cm 9 cm

15 미만인 수는 15보다 작은 수이므로 15 cm 미만인 길이는 12 cm, 9 cm입니다.

① 높이가 3 m 초과인 자동차를 모두 찾아 ○표 하세요.

3.2 m 1.5 m 4.3 m 4.6 m 2.4 m

풀이 3 초과인 수는 3보다 큰 수이므로 3 m 초과인 높이는 3.2 m, 4.3 m, 4.6 m입니다.

② 지은이네 모둠 학생들이 1분 동안 넘은 줄넘기 횟수를 나타낸 표입니다. 줄넘기 횟수가 65회 미만인 학생의 이름을 모두 써 보세요.

지은이네 모둠 학생들이 1분 동안 넘은 줄넘기 횟수

이름	지은	윤수	미영	서진	민석
횟수(회)	68	59	56	65	72

(윤수, 미영)

풀이 65 미만인 수는 65보다 작은 수이므로 줄넘기 횟수가 65회 미만인 학생은 윤수, 미영입니다.

왼쪽 ①, ②번과 같이 문제의 핵심 부분에 색칠하고, 문제를 풀어 보세요. 정답 3쪽

③ 정우네 모둠 학생들이 한 학기 동안 읽은 책의 수를 나타낸 표입니다. 한 학기 동안 읽은 책이 20권 초과인 학생의 이름을 모두 써 보세요.

정우네 모둠 학생들이 한 학기 동안 읽은 책의 수

이름	정우	승기	서윤	소진	준하
책의 수(권)	28	18	14	20	32

(정우, 준하)

풀이 20 초과인 수는 20보다 큰 수이므로 한 학기 동안 읽은 책이 20권 초과인 학생은 정우, 준하입니다.

④ 어느 항공사는 수하물의 무게가 22 kg을 초과하면 요금을 더 내야 합니다. 요금을 더 내야 하는 수하물을 모두 찾아 기호를 써 보세요.

수하물의 무게

수하물	㉠	㉡	㉢	㉣	㉤
무게(kg)	25.3	21.6	18.4	26.7	22.0

(㉠, ㉣)

풀이 22 초과인 수는 22보다 큰 수이므로 22 kg을 초과한 수하물은 ㉠, ㉣입니다.

⑤ 농촌 체험 학습에서 수확한 사과를 바구니에 나누어 담았습니다. 사과가 15개 초과 25개 미만인 바구니를 모두 찾아 ○표 하세요.

12개 20개 25개 28개 24개
( ) (○) ( ) ( ) (○)

풀이 15 초과 25 미만인 수는 15보다 크고 25보다 작은 수이므로 15개 초과 25개 미만 사과의 수는 20개, 24개입니다.

14   15

16-17쪽

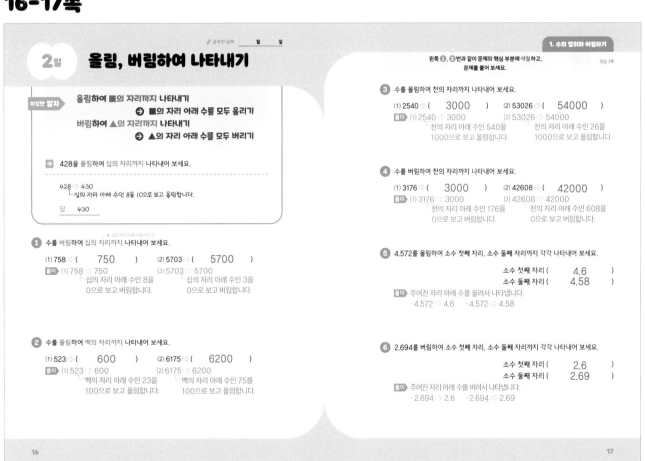

공부한 날짜   월   일

2일 올림, 버림하여 나타내기

이것만 알자
- 올림하여 ■의 자리까지 나타내기
  ➡ ■의 자리 아래 수를 모두 올리기
- 버림하여 ▲의 자리까지 나타내기
  ➡ ▲의 자리 아래 수를 모두 버리기

예 428을 올림하여 십의 자리까지 나타내어 보세요.

428 ➡ 430
└ 십의 자리 아래 수인 8을 10으로 보고 올림합니다.

답 430

① 수를 버림하여 십의 자리까지 나타내어 보세요.

(1) 758 ➡ (750)   (2) 5703 ➡ (5700)
풀이 (1) 758 ➡ 750   (2) 5703 ➡ 5700
└ 십의 자리 아래 수인 8을   └ 십의 자리 아래 수인 3을
0으로 보고 버림합니다.   0으로 보고 버림합니다.

② 수를 올림하여 백의 자리까지 나타내어 보세요.

(1) 523 ➡ (600)   (2) 6175 ➡ (6200)
풀이 (1) 523 ➡ 600   (2) 6175 ➡ 6200
└ 백의 자리 아래 수인 23을   └ 백의 자리 아래 수인 75를
100으로 보고 올림합니다.   100으로 보고 올림합니다.

왼쪽 ①, ②번과 같이 문제의 핵심 부분에 색칠하고, 문제를 풀어 보세요. 정답 3쪽

③ 수를 올림하여 천의 자리까지 나타내어 보세요.

(1) 2540 ➡ (3000)   (2) 53026 ➡ (54000)
풀이 (1) 2540 ➡ 3000   (2) 53026 ➡ 54000
└ 천의 자리 아래 수인 540을   └ 천의 자리 아래 수인 26을
1000으로 보고 올림합니다.   1000으로 보고 올림합니다.

④ 수를 버림하여 천의 자리까지 나타내어 보세요.

(1) 3176 ➡ (3000)   (2) 42608 ➡ (42000)
풀이 (1) 3176 ➡ 3000   (2) 42608 ➡ 42000
└ 천의 자리 아래 수인 176을   └ 천의 자리 아래 수인 608을
0으로 보고 버림합니다.   0으로 보고 버림합니다.

⑤ 4.572를 올림하여 소수 첫째 자리, 소수 둘째 자리까지 각각 나타내어 보세요.

소수 첫째 자리 (4.6)
소수 둘째 자리 (4.58)

풀이 주어진 자리 아래 수를 올려서 나타냅니다.
· 4.572 ➡ 4.6   · 4.572 ➡ 4.58

⑥ 2.694를 버림하여 소수 첫째 자리, 소수 둘째 자리까지 각각 나타내어 보세요.

소수 첫째 자리 (2.6)
소수 둘째 자리 (2.69)

풀이 주어진 자리 아래 수를 버려서 나타냅니다.
· 2.694 ➡ 2.6   · 2.694 ➡ 2.69

16   17

1 수의 범위와 어림하기

18-19쪽

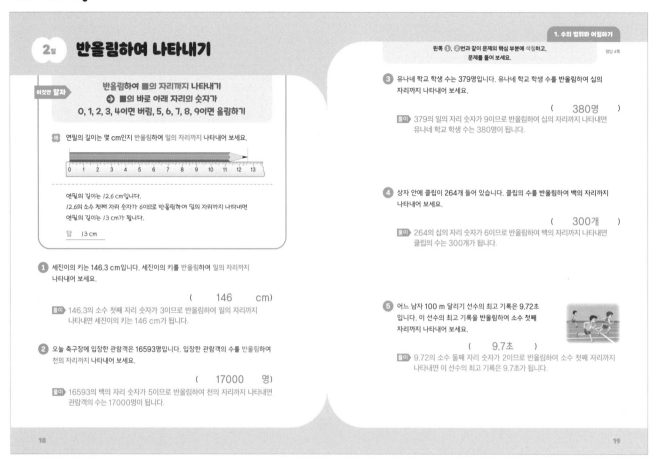

2일 반올림하여 나타내기

이것만 알자
반올림하여 ■의 자리까지 나타내기
➡ ■의 바로 아래 자리의 숫자가
0, 1, 2, 3, 4이면 버림, 5, 6, 7, 8, 9이면 올림하기

예 연필의 길이는 몇 cm인지 반올림하여 일의 자리까지 나타내어 보세요.

연필의 길이는 12.6입니다.
12.6의 소수 첫째 자리 숫자가 6이므로 반올림하여 일의 자리까지 나타내면
연필의 길이는 13 cm가 됩니다.

답 13 cm

1 세진이의 키는 146.3 cm입니다. 세진이의 키를 반올림하여 일의 자리까지 나타내어 보세요.

(146 cm)

풀이 146.3의 소수 첫째 자리 숫자가 3이므로 반올림하여 일의 자리까지 나타내면 세진이의 키는 146 cm가 됩니다.

2 오늘 축구장에 입장한 관람객은 16593명입니다. 입장한 관람객의 수를 반올림하여 천의 자리까지 나타내어 보세요.

(17000 명)

풀이 16593의 백의 자리 숫자가 5이므로 반올림하여 천의 자리까지 나타내면 관람객의 수는 17000명이 됩니다.

왼쪽 **1**, **2**번과 같이 문제의 핵심 부분에 색칠하고,
문제를 풀어 보세요.

정답 4쪽

3 유나네 학교 학생 수는 379명입니다. 유나네 학교 학생 수를 반올림하여 십의 자리까지 나타내어 보세요.

(380명)

풀이 379의 일의 자리 숫자가 9이므로 반올림하여 십의 자리까지 나타내면 유나네 학교 학생 수는 380명이 됩니다.

4 상자 안에 클립이 264개 들어 있습니다. 클립의 수를 반올림하여 백의 자리까지 나타내어 보세요.

(300개)

풀이 264의 십의 자리 숫자가 6이므로 반올림하여 백의 자리까지 나타내면 클립의 수는 300개가 됩니다.

5 어느 남자 100 m 달리기 선수의 최고 기록은 9.72초 입니다. 이 선수의 최고 기록을 반올림하여 소수 첫째 자리까지 나타내어 보세요.

(9.7초)

풀이 9.72의 소수 둘째 자리 숫자가 2이므로 반올림하여 소수 첫째 자리까지 나타내면 이 선수의 최고 기록은 9.7초가 됩니다.

20-21쪽

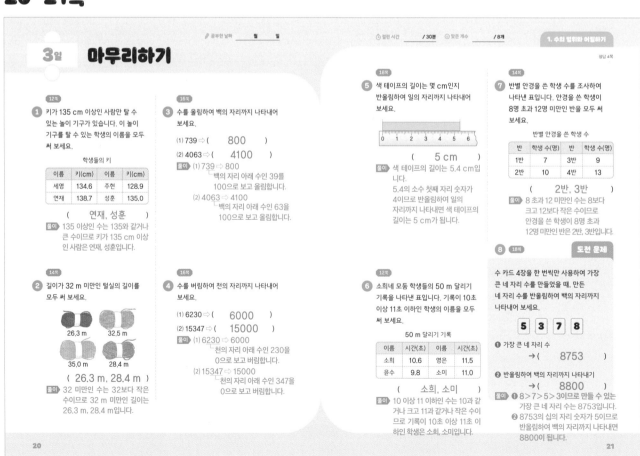

3일 마무리하기

공부한 날짜 월 일   걸린 시간 /30분   맞은 개수 /8개   **1. 수의 범위와 어림하기**

정답 4쪽

[12쪽]
1 키가 135 cm 이상인 사람만 탈 수 있는 놀이 기구가 있습니다. 이 놀이 기구를 탈 수 있는 학생의 이름을 모두 써 보세요.

학생들의 키

이름	키(cm)	이름	키(cm)
세영	134.6	주현	128.9
연재	138.7	성훈	135.0

(연재, 성훈)

풀이 135 이상인 수는 135와 같거나 큰 수이므로 키가 135 cm 이상인 사람은 연재, 성훈입니다.

[14쪽]
2 길이가 32 m 미만인 털실의 길이를 모두 써 보세요.

26.3 m   32.5 m
35.0 m   28.4 m

(26.3 m, 28.4 m)

풀이 32 미만인 수는 32보다 작은 수이므로 32 m 미만인 길이는 26.3 m, 28.4 m입니다.

[16쪽]
3 수를 올림하여 백의 자리까지 나타내어 보세요.

(1) 739 ⇨ (800)

(2) 4063 ⇨ (4100)

풀이 (1) 739 ⇨ 800
└ 백의 자리 아래 수인 39를 100으로 보고 올립니다.

(2) 4063 ⇨ 4100
└ 백의 자리 아래 수인 63을 100으로 보고 올립니다.

[16쪽]
4 수를 버림하여 천의 자리까지 나타내어 보세요.

(1) 6230 ⇨ (6000)

(2) 15347 ⇨ (15000)

풀이 (1) 6230 ⇨ 6000
└ 천의 자리 아래 수인 230을 0으로 보고 버립니다.

(2) 15347 ⇨ 15000
└ 천의 자리 아래 수인 347을 0으로 보고 버립니다.

[18쪽]
5 색 테이프의 길이는 몇 cm인지 반올림하여 일의 자리까지 나타내어 보세요.

(5 cm)

풀이 색 테이프의 길이는 5.4 cm입니다.
5.4의 소수 첫째 자리 숫자가 4이므로 반올림하여 일의 자리까지 나타내면 색 테이프의 길이는 5 cm가 됩니다.

[12쪽]
6 소희네 모둠 학생들의 50 m 달리기 기록을 나타낸 표입니다. 기록이 10초 이상 11초 이하인 학생의 이름을 모두 써 보세요.

50 m 달리기 기록

이름	시간(초)	이름	시간(초)
소희	10.6	영은	11.5
윤수	9.8	소미	11.0

(소희, 소미)

풀이 10 이상 11 이하인 수는 10과 같거나 크고 11과 같거나 작은 수이므로 기록이 10초 이상 11초 이하인 학생은 소희, 소미입니다.

[14쪽]
7 반별 안경을 쓴 학생 수를 조사하여 나타낸 표입니다. 안경을 쓴 학생이 8명 초과 12명 미만인 반을 모두 써 보세요.

반별 안경을 쓴 학생 수

반	학생 수(명)	반	학생 수(명)
1반	7	3반	9
2반	10	4반	13

(2반, 3반)

풀이 8 초과 12 미만인 수는 8보다 크고 12보다 작은 수이므로 안경을 쓴 학생이 8명 초과 12명 미만인 반은 2반, 3반입니다.

8 [18쪽] **도전 문제**

수 카드 4장을 한 번씩만 사용하여 가장 큰 네 자리 수를 만들었을 때, 만든 네 자리 수를 반올림하여 백의 자리까지 나타내어 보세요.

5 3 7 8

❶ 가장 큰 네 자리 수
→ (8753)

❷ 반올림하여 백의 자리까지 나타내기
→ (8800)

풀이 ❶ 8>7>5>3이므로 만들 수 있는 가장 큰 네 자리 수는 8753입니다.
❷ 8753의 십의 자리 숫자가 5이므로 반올림하여 백의 자리까지 나타내면 8800이 됩니다.

2 분수의 곱셈

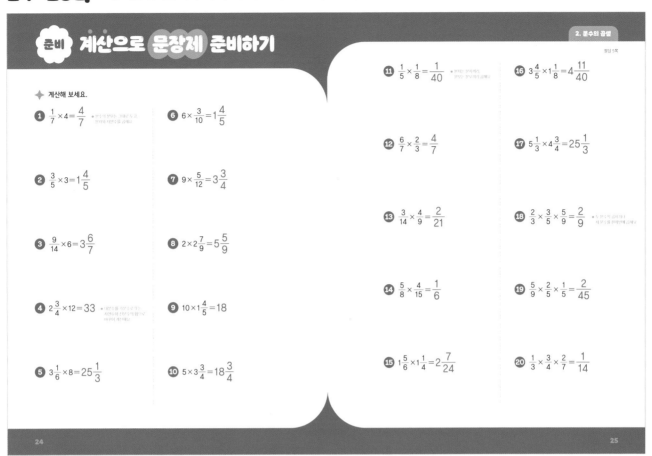

준비 계산으로 문장제 준비하기

2. 분수의 곱셈

정답 5쪽

✦ 계산해 보세요.

① $\dfrac{1}{7} \times 4 = \dfrac{4}{7}$ ● 분수의 분자는 그대로 두고, 분자와 자연수를 곱해요

⑥ $6 \times \dfrac{3}{10} = 1\dfrac{4}{5}$

② $\dfrac{3}{5} \times 3 = 1\dfrac{4}{5}$

⑦ $9 \times \dfrac{5}{12} = 3\dfrac{3}{4}$

③ $\dfrac{9}{14} \times 6 = 3\dfrac{6}{7}$

⑧ $2 \times 2\dfrac{7}{9} = 5\dfrac{5}{9}$

④ $2\dfrac{3}{4} \times 12 = 33$ ● 대분수를 가분수로 바꾼 다음에 자연수와 곱해요

⑨ $10 \times 1\dfrac{4}{5} = 18$

⑤ $3\dfrac{1}{6} \times 8 = 25\dfrac{1}{3}$

⑩ $5 \times 3\dfrac{3}{4} = 18\dfrac{3}{4}$

⑪ $\dfrac{1}{5} \times \dfrac{1}{8} = \dfrac{1}{40}$ ● 분모는 분모끼리, 분자는 분자끼리 곱해요

⑯ $3\dfrac{4}{5} \times 1\dfrac{1}{8} = 4\dfrac{11}{40}$

⑫ $\dfrac{6}{7} \times \dfrac{2}{3} = \dfrac{4}{7}$

⑰ $5\dfrac{1}{3} \times 4\dfrac{3}{4} = 25\dfrac{1}{3}$

⑬ $\dfrac{3}{14} \times \dfrac{4}{9} = \dfrac{2}{21}$

⑱ $\dfrac{2}{3} \times \dfrac{3}{5} \times \dfrac{5}{9} = \dfrac{2}{9}$ ● 세 분수의 곱셈도 차례로 분모끼리, 분자끼리 곱해요

⑭ $\dfrac{5}{8} \times \dfrac{4}{15} = \dfrac{1}{6}$

⑲ $\dfrac{5}{9} \times \dfrac{2}{5} \times \dfrac{1}{5} = \dfrac{2}{45}$

⑮ $1\dfrac{5}{6} \times 1\dfrac{1}{4} = 2\dfrac{7}{24}$

⑳ $\dfrac{1}{3} \times \dfrac{3}{4} \times \dfrac{2}{7} = \dfrac{1}{14}$

24

25

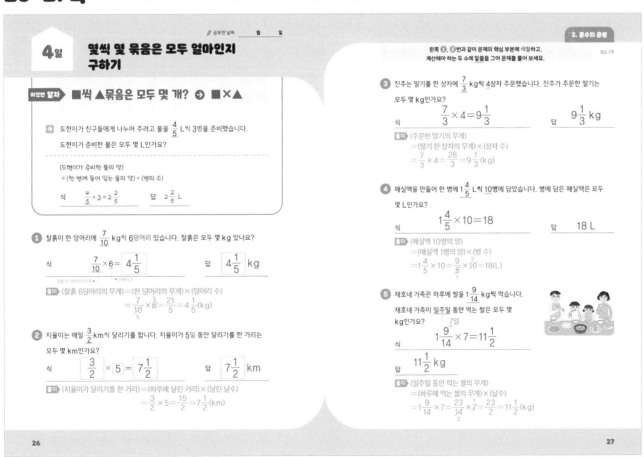

✐ 공부한 날짜   월   일

2. 분수의 곱셈

4일 몇씩 몇 묶음은 모두 얼마인지 구하기

이것만 알자 ▶ ■씩 ▲묶음은 모두 몇 개? ➡ ■×▲

📝 도현이가 친구들에게 나누어 주려고 물을 $\dfrac{4}{5}$ L씩 3병을 준비했습니다. 도현이가 준비한 물은 모두 몇 L인가요?

(도현이가 준비한 물의 양)
= (한 병에 들어 있는 물의 양) × (병의 수)

식 $\dfrac{4}{5} \times 3 = 2\dfrac{2}{5}$ 답 $2\dfrac{2}{5}$ L

① 찰흙이 한 덩어리에 $\dfrac{7}{10}$ kg씩 6덩어리 있습니다. 찰흙은 모두 몇 kg 있나요?

식 $\dfrac{7}{10} \times 6 = \boxed{4\dfrac{1}{5}}$ 답 $\boxed{4\dfrac{1}{5}}$ kg

찰흙 한 덩어리의 무게 └ 덩어리 수

풀이 (찰흙 6덩어리의 무게) = (한 덩어리의 무게) × (덩어리 수)
$= \dfrac{7}{10} \times \overset{3}{\cancel{6}} = \dfrac{21}{5} = 4\dfrac{1}{5}$ (kg)

② 지율이는 매일 $\dfrac{3}{2}$ km씩 달리기를 합니다. 지율이가 5일 동안 달리기를 한 거리는 모두 몇 km인가요?

식 $\boxed{\dfrac{3}{2}} \times \boxed{5} = \boxed{7\dfrac{1}{2}}$ 답 $\boxed{7\dfrac{1}{2}}$ km

풀이 (지율이가 달리기를 한 거리) = (하루에 달린 거리) × (달린 날수)
$= \dfrac{3}{2} \times 5 = \dfrac{15}{2} = 7\dfrac{1}{2}$ (km)

왼쪽 ①, ②번과 같이 문제의 핵심 부분에 색칠하고, 계산해야 하는 두 수에 밑줄을 그어 문제를 풀어 보세요.

정답 5쪽

③ 진주는 딸기를 한 상자에 $\dfrac{7}{3}$ kg씩 4상자 주문했습니다. 진주가 주문한 딸기는 모두 몇 kg인가요?

식 $\dfrac{7}{3} \times 4 = 9\dfrac{1}{3}$ 답 $9\dfrac{1}{3}$ kg

풀이 (주문한 딸기의 무게)
= (딸기 한 상자의 무게) × (상자 수)
$= \dfrac{7}{3} \times 4 = \dfrac{28}{3} = 9\dfrac{1}{3}$ (kg)

④ 매실액을 만들어 한 병에 $1\dfrac{4}{5}$ L씩 10병에 담았습니다. 병에 담은 매실액은 모두 몇 L인가요?

식 $1\dfrac{4}{5} \times 10 = 18$ 답 18 L

풀이 (매실액 10병의 양)
= (매실액 1병의 양) × (병 수)
$= 1\dfrac{4}{5} \times 10 = \dfrac{9}{5} \times \overset{2}{\cancel{10}} = 18$ (L)

⑤ 재호네 가족은 하루에 쌀을 $1\dfrac{9}{14}$ kg씩 먹습니다. 재호네 가족이 일주일 동안 먹는 쌀은 모두 몇 kg인가요?

식 $1\dfrac{9}{14} \times 7 = 11\dfrac{1}{2}$

답 $11\dfrac{1}{2}$ kg

풀이 (일주일 동안 먹는 쌀의 무게)
= (하루에 먹는 쌀의 무게) × (날수)
$= 1\dfrac{9}{14} \times 7 = \dfrac{23}{14} \times \overset{1}{\cancel{7}} = \dfrac{23}{2} = 11\dfrac{1}{2}$ (kg)

26

27

5

2 분수의 곱셈

28-29쪽 ❶계산 결과를 기약분수나 대분수로 나타내지 않아도 정답으로 인정합니다.

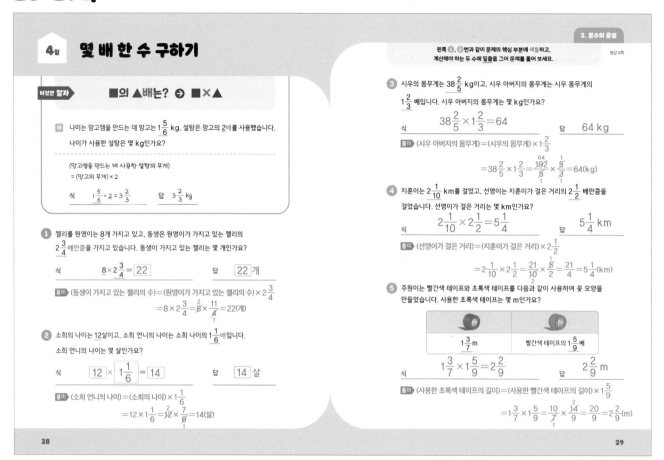

4일 몇 배 한 수 구하기

이것만 알자 ▶ ■의 ▲배는? ➡ ■×▲

예 나미는 망고잼을 만드는 데 망고는 $1\frac{5}{6}$ kg, 설탕은 망고의 2배를 사용했습니다. 나미가 사용한 설탕은 몇 kg인가요?

(망고잼을 만드는 데 사용한 설탕의 무게)
= (망고의 무게) × 2

식 $1\frac{5}{6} \times 2 = 3\frac{2}{3}$ 답 $3\frac{2}{3}$ kg

① 젤리를 원영이는 8개 가지고 있고, 동생은 원영이가 가지고 있는 젤리의 $2\frac{3}{4}$ 배만큼을 가지고 있습니다. 동생이 가지고 있는 젤리는 몇 개인가요?

식 $8 \times 2\frac{3}{4} = 22$ 답 22 개

풀이 (동생이 가지고 있는 젤리의 수)=(원영이가 가지고 있는 젤리의 수)×$2\frac{3}{4}$
$= 8 \times 2\frac{3}{4} = \overset{2}{\cancel{8}} \times \frac{11}{\cancel{4}} = 22(개)$

② 소희의 나이는 12살이고, 소희 언니의 나이는 소희 나이의 $1\frac{1}{6}$ 배입니다. 소희 언니의 나이는 몇 살인가요?

식 $12 \times 1\frac{1}{6} = 14$ 답 14 살

풀이 (소희 언니의 나이)=(소희의 나이)×$1\frac{1}{6}$
$= 12 \times 1\frac{1}{6} = \overset{2}{\cancel{12}} \times \frac{7}{\cancel{6}} = 14(살)$

2. 분수의 곱셈

왼쪽 ❶, ❷번과 같이 문제의 핵심 부분에 색칠하고, 계산해야 하는 두 수에 밑줄을 그어 문제를 풀어 보세요.   정답 6쪽

③ 시우의 몸무게는 $38\frac{2}{5}$ kg이고, 시우 아버지의 몸무게는 시우 몸무게의 $1\frac{2}{3}$ 배입니다. 시우 아버지의 몸무게는 몇 kg인가요?

식 $38\frac{2}{5} \times 1\frac{2}{3} = 64$ 답 64 kg

풀이 (시우 아버지의 몸무게)=(시우의 몸무게)×$1\frac{2}{3}$
$= 38\frac{2}{5} \times 1\frac{2}{3} = \frac{\overset{64}{\cancel{192}}}{\cancel{5}} \times \frac{\cancel{5}}{\cancel{3}} = 64(kg)$

④ 지훈이는 $2\frac{1}{10}$ km를 걸었고, 선영이는 지훈이가 걸은 거리의 $2\frac{1}{2}$ 배만큼을 걸었습니다. 선영이가 걸은 거리는 몇 km인가요?

식 $2\frac{1}{10} \times 2\frac{1}{2} = 5\frac{1}{4}$ 답 $5\frac{1}{4}$ km

풀이 (선영이가 걸은 거리)=(지훈이가 걸은 거리)×$2\frac{1}{2}$
$= 2\frac{1}{10} \times 2\frac{1}{2} = \frac{21}{\cancel{10}} \times \frac{\cancel{5}}{2} = \frac{21}{4} = 5\frac{1}{4}(km)$

⑤ 주원이는 빨간색 테이프와 초록색 테이프를 다음과 같이 사용하여 꽃 모양을 만들었습니다. 사용한 초록색 테이프는 몇 m인가요?

$1\frac{3}{7}$ m	빨간색 테이프의 $1\frac{5}{9}$ 배

식 $1\frac{3}{7} \times 1\frac{5}{9} = 2\frac{2}{9}$ 답 $2\frac{2}{9}$ m

풀이 (사용한 초록색 테이프의 길이)=(사용한 빨간색 테이프의 길이)×$1\frac{5}{9}$
$= 1\frac{3}{7} \times 1\frac{5}{9} = \frac{\overset{2}{\cancel{10}}}{\cancel{7}} \times \frac{\overset{14}{\cancel{14}}}{9} = \frac{20}{9} = 2\frac{2}{9}(m)$

28   29

30-31쪽 ❶계산 결과를 기약분수나 대분수로 나타내지 않아도 정답으로 인정합니다.

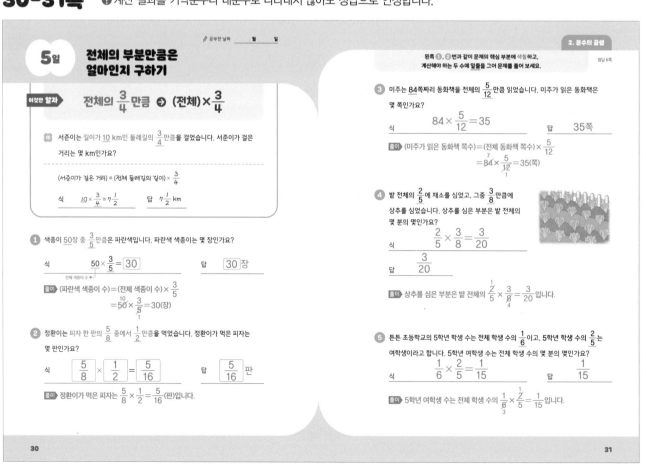

5일 전체의 부분만큼은 얼마인지 구하기

공부한 날짜   월   일

이것만 알자 ▶ 전체의 $\frac{3}{4}$ 만큼 ➡ (전체)×$\frac{3}{4}$

예 서준이는 길이가 10 km인 둘레길의 $\frac{3}{4}$ 만큼을 걸었습니다. 서준이가 걸은 거리는 몇 km인가요?

(서준이가 걸은 거리) = (전체 둘레길의 길이) × $\frac{3}{4}$

식 $10 \times \frac{3}{4} = 7\frac{1}{2}$ 답 $7\frac{1}{2}$ km

① 색종이 50장 중 $\frac{3}{5}$ 만큼은 파란색 색종이입니다. 파란색 색종이는 몇 장인가요?

식 $50 \times \frac{3}{5} = 30$ 답 30 장
    └전체 색종이 수

풀이 (파란색 색종이 수)=(전체 색종이 수)×$\frac{3}{5}$
$= \overset{10}{\cancel{50}} \times \frac{3}{\cancel{5}} = 30(장)$

② 정환이는 피자 한 판의 $\frac{5}{8}$ 중에서 $\frac{1}{2}$ 만큼을 먹었습니다. 정환이가 먹은 피자는 몇 판인가요?

식 $\frac{5}{8} \times \frac{1}{2} = \frac{5}{16}$ 답 $\frac{5}{16}$ 판

풀이 정환이가 먹은 피자는 $\frac{5}{8} \times \frac{1}{2} = \frac{5}{16}$(판)입니다.

2. 분수의 곱셈

왼쪽 ❶, ❷번과 같이 문제의 핵심 부분에 색칠하고, 계산해야 하는 두 수에 밑줄을 그어 문제를 풀어 보세요.   정답 6쪽

③ 미주는 84쪽짜리 동화책을 전체의 $\frac{5}{12}$ 만큼 읽었습니다. 미주가 읽은 동화책은 몇 쪽인가요?

식 $84 \times \frac{5}{12} = 35$ 답 35 쪽

풀이 (미주가 읽은 동화책 쪽수)=(전체 동화책 쪽수)×$\frac{5}{12}$
$= \overset{7}{\cancel{84}} \times \frac{5}{\cancel{12}} = 35(쪽)$

④ 밭 전체의 $\frac{2}{5}$ 에 채소를 심었고, 그중 $\frac{3}{8}$ 만큼에 상추를 심었습니다. 상추를 심은 부분은 밭 전체의 몇 분의 몇인가요?

식 $\frac{2}{5} \times \frac{3}{8} = \frac{3}{20}$
답 $\frac{3}{20}$

풀이 상추를 심은 부분은 밭 전체의 $\frac{\overset{1}{\cancel{2}}}{5} \times \frac{3}{\cancel{8}} = \frac{3}{20}$ 입니다.

⑤ 튼튼 초등학교의 5학년 학생 수는 전체 학생 수의 $\frac{1}{6}$ 이고, 5학년 학생 수의 $\frac{2}{5}$ 는 여학생이라고 합니다. 5학년 여학생 수는 전체 학생 수의 몇 분의 몇인가요?

식 $\frac{1}{6} \times \frac{2}{15} = \frac{1}{15}$ 답 $\frac{1}{15}$

풀이 5학년 여학생 수는 전체 학생 수의 $\frac{1}{\cancel{6}} \times \frac{\cancel{2}}{5} = \frac{1}{15}$ 입니다.

30   31

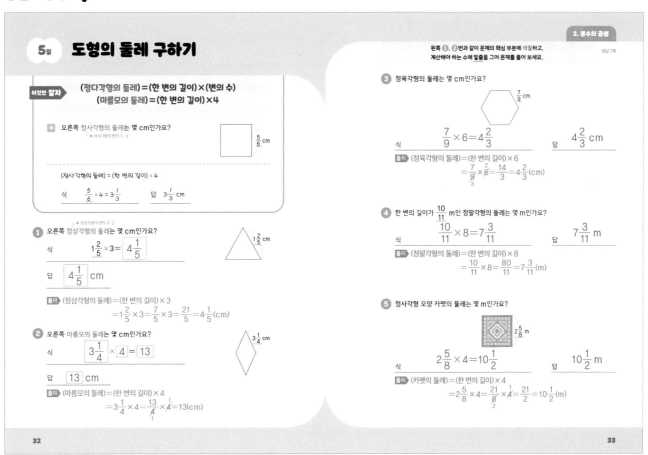

5일 도형의 둘레 구하기

2. 분수의 곱셈

이것만 알자 ▶ (정다각형의 둘레)=(한 변의 길이)×(변의 수)
(마름모의 둘레)=(한 변의 길이)×4

예) 오른쪽 정사각형의 둘레는 몇 cm인가요?
· 정사각형의 변의 수: 4

$\dfrac{5}{6}$ cm

(정사각형의 둘레) = (한 변의 길이) × 4

식 $\dfrac{5}{6}×4=3\dfrac{1}{3}$ 답 $3\dfrac{1}{3}$ cm

① 오른쪽 정삼각형의 둘레는 몇 cm인가요?
· 정삼각형의 변의 수: 3

식 $1\dfrac{2}{5}×3=\boxed{4\dfrac{1}{5}}$

$1\dfrac{2}{5}$ cm

답 $\boxed{4\dfrac{1}{5}}$ cm

풀이 (정삼각형의 둘레)=(한 변의 길이)×3
$=1\dfrac{2}{5}×3=\dfrac{7}{5}×3=\dfrac{21}{5}=4\dfrac{1}{5}$(cm)

② 오른쪽 마름모의 둘레는 몇 cm인가요?

식 $\boxed{3\dfrac{1}{4}}×\boxed{4}=\boxed{13}$

$3\dfrac{1}{4}$ cm

답 $\boxed{13}$ cm

풀이 (마름모의 둘레)=(한 변의 길이)×4
$=3\dfrac{1}{4}×4=\dfrac{13}{4}×\overset{1}{\cancel{4}}=13$(cm)

왼쪽 ①, ②번과 같이 문제의 핵심 부분에 색칠하고,
계산해야 하는 수에 밑줄을 그어 문제를 풀어 보세요.
정답 7쪽

③ 정육각형의 둘레는 몇 cm인가요?

$\dfrac{7}{9}$ cm

식 $\dfrac{7}{9}×6=4\dfrac{2}{3}$ 답 $4\dfrac{2}{3}$ cm

풀이 (정육각형의 둘레)=(한 변의 길이)×6
$=\dfrac{7}{\cancel{9}}×\overset{2}{\cancel{6}}=\dfrac{14}{3}=4\dfrac{2}{3}$(cm)

④ 한 변의 길이가 $\dfrac{10}{11}$ m인 정팔각형의 둘레는 몇 m인가요?

식 $\dfrac{10}{11}×8=7\dfrac{3}{11}$ 답 $7\dfrac{3}{11}$ m

풀이 (정팔각형의 둘레)=(한 변의 길이)×8
$=\dfrac{10}{11}×8=\dfrac{80}{11}=7\dfrac{3}{11}$(m)

⑤ 정사각형 모양 카펫의 둘레는 몇 m인가요?

$2\dfrac{5}{8}$ m

식 $2\dfrac{5}{8}×4=10\dfrac{1}{2}$ 답 $10\dfrac{1}{2}$ m

풀이 (카펫의 둘레)=(한 변의 길이)×4
$=2\dfrac{5}{8}×4=\dfrac{21}{\cancel{8}}×\overset{1}{\cancel{4}}=\dfrac{21}{2}=10\dfrac{1}{2}$(m)

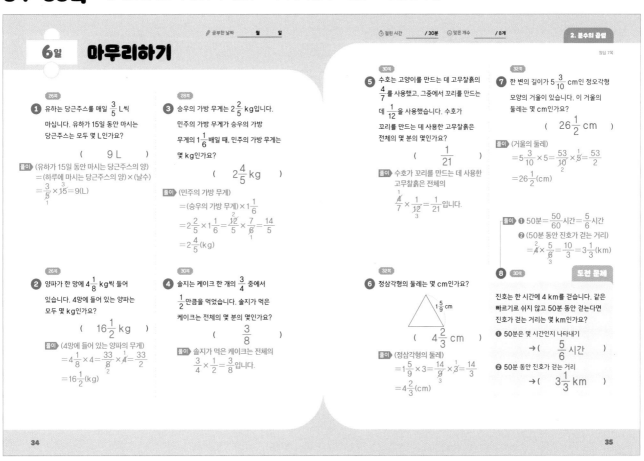

6일 마무리하기

공부한 날짜 월 일   걸린 시간 / 30분   맞은 개수 / 8개   2. 분수의 곱셈

정답 7쪽

26쪽
① 유하는 당근주스를 매일 $\dfrac{3}{5}$ L씩 마십니다. 유하가 15일 동안 마시는 당근주스는 모두 몇 L인가요?

(9 L)

풀이 (유하가 15일 동안 마시는 당근주스의 양)
=(하루에 마시는 당근주스의 양)×(날수)
$=\dfrac{3}{\cancel{5}}×\overset{3}{\cancel{15}}=9$(L)

26쪽
② 양파가 한 망에 $4\dfrac{1}{8}$ kg씩 들어 있습니다. 4망에 들어 있는 양파는 모두 몇 kg인가요?

($16\dfrac{1}{2}$ kg)

풀이 (4망에 들어 있는 양파의 무게)
$=4\dfrac{1}{8}×4=\dfrac{33}{\cancel{8}}×\overset{1}{\cancel{4}}=\dfrac{33}{2}$
$=16\dfrac{1}{2}$(kg)

28쪽
③ 승우의 가방 무게는 $2\dfrac{2}{5}$ kg입니다. 민주의 가방 무게가 승우의 가방 무게의 $1\dfrac{1}{6}$배일 때, 민주의 가방 무게는 몇 kg인가요?

($2\dfrac{4}{5}$ kg)

풀이 (민주의 가방 무게)
=(승우의 가방 무게)$×1\dfrac{1}{6}$
$=2\dfrac{2}{5}×1\dfrac{1}{6}=\dfrac{\overset{2}{\cancel{12}}}{5}×\dfrac{7}{\cancel{6}}=\dfrac{14}{5}$
$=2\dfrac{4}{5}$(kg)

30쪽
④ 솔지는 케이크 한 개의 $\dfrac{3}{4}$ 중에서 $\dfrac{1}{2}$만큼을 먹었습니다. 솔지가 먹은 케이크는 전체의 몇 분의 몇인가요?

($\dfrac{3}{8}$)

풀이 솔지가 먹은 케이크는 전체의
$\dfrac{3}{4}×\dfrac{1}{2}=\dfrac{3}{8}$입니다.

30쪽
⑤ 수호는 고양이를 만드는 데 고무찰흙의 $\dfrac{4}{7}$를 사용했고, 그중에서 꼬리를 만드는 데 $\dfrac{1}{12}$을 사용했습니다. 수호가 꼬리를 만드는 데 사용한 고무찰흙은 전체의 몇 분의 몇인가요?

($\dfrac{1}{21}$)

풀이 수호가 꼬리를 만드는 데 사용한 고무찰흙은 전체의
$\dfrac{\cancel{4}}{7}×\dfrac{1}{\cancel{12}}=\dfrac{1}{21}$입니다.

32쪽
⑥ 정삼각형의 둘레는 몇 cm인가요?

$1\dfrac{5}{9}$ cm

($4\dfrac{2}{3}$ cm)

풀이 (정삼각형의 둘레)
$=1\dfrac{5}{9}×3=\dfrac{14}{\cancel{9}}×\overset{1}{\cancel{3}}=\dfrac{14}{3}$
$=4\dfrac{2}{3}$(cm)

32쪽
⑦ 한 변의 길이가 $5\dfrac{3}{10}$ cm인 정오각형 모양의 거울이 있습니다. 이 거울의 둘레는 몇 cm인가요?

($26\dfrac{1}{2}$ cm)

풀이 (거울의 둘레)
$=5\dfrac{3}{10}×5=\dfrac{53}{\cancel{10}}×\overset{1}{\cancel{5}}=\dfrac{53}{2}$
$=26\dfrac{1}{2}$(cm)

풀이 ❶ 50분=$\dfrac{50}{60}$시간=$\dfrac{5}{6}$시간
❷ (50분 동안 진호가 걷는 거리)
$=\overset{2}{\cancel{4}}×\dfrac{5}{\cancel{6}}=\dfrac{10}{3}=3\dfrac{1}{3}$(km)

30쪽
⑧ **도전 문제**

진호는 한 시간에 4 km를 걷습니다. 같은 빠르기로 쉬지 않고 50분 동안 걷는다면 진호가 걷는 거리는 몇 km인가요?

❶ 50분은 몇 시간인지 나타내기
→ ($\dfrac{5}{6}$ 시간)

❷ 50분 동안 진호가 걷는 거리
→ ($3\dfrac{1}{3}$ km)

3 합동과 대칭

38-39쪽

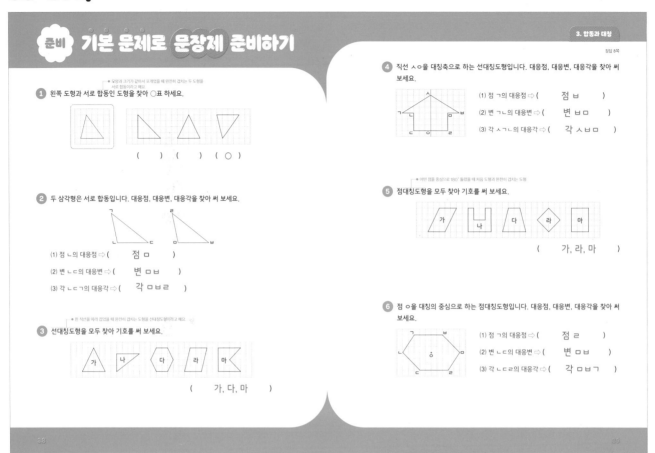

준비 기본 문제로 문장제 준비하기

1 왼쪽 도형과 서로 합동인 도형을 찾아 ○표 하세요.

( ) ( ) (○)

2 두 삼각형은 서로 합동입니다. 대응점, 대응변, 대응각을 찾아 써 보세요.

(1) 점 ㄴ의 대응점 ⇨ (점 ㅁ)

(2) 변 ㄴㄷ의 대응변 ⇨ (변 ㅁㅂ)

(3) 각 ㄴㄷㄱ의 대응각 ⇨ (각 ㅁㅂㄹ)

3 선대칭도형을 모두 찾아 기호를 써 보세요.

(가, 다, 마)

4 직선 ㅅㅇ을 대칭축으로 하는 선대칭도형입니다. 대응점, 대응변, 대응각을 찾아 써 보세요.

(1) 점 ㄱ의 대응점 ⇨ (점 ㅂ)

(2) 변 ㄱㄴ의 대응변 ⇨ (변 ㅂㅁ)

(3) 각 ㅅㄱㄴ의 대응각 ⇨ (각 ㅅㅂㅁ)

5 점대칭도형을 모두 찾아 기호를 써 보세요.

(가, 라, 마)

6 점 ㅇ을 대칭의 중심으로 하는 점대칭도형입니다. 대응점, 대응변, 대응각을 찾아 써 보세요.

(1) 점 ㄱ의 대응점 ⇨ (점 ㄹ)

(2) 변 ㄴㄷ의 대응변 ⇨ (변 ㅁㅂ)

(3) 각 ㄴㄷㄹ의 대응각 ⇨ (각 ㅁㅂㄱ)

40-41쪽

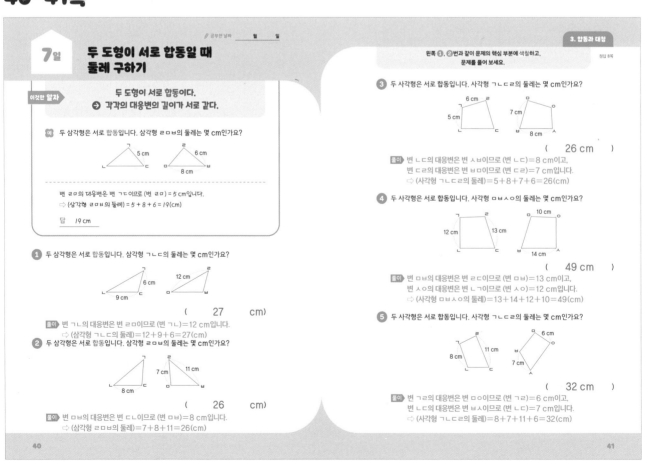

공부한 날짜 　월　　일

7일 두 도형이 서로 합동일 때 둘레 구하기

이것만 알자
두 도형이 서로 합동이다.
➡ 각각의 대응변의 길이가 서로 같다.

예 두 삼각형은 서로 합동입니다. 삼각형 ㄹㅁㅂ의 둘레는 몇 cm인가요?

변 ㄹㅁ의 대응변은 변 ㄱㄷ이므로 (변 ㄹㅁ)=5 cm입니다.
⇨ (삼각형 ㄹㅁㅂ의 둘레)=5+8+6=19(cm)

답 　19 cm

왼쪽 1, 2번과 같이 문제의 핵심 부분에 색칠하고, 문제를 풀어 보세요.
정답 8쪽

1 두 삼각형은 서로 합동입니다. 삼각형 ㄱㄴㄷ의 둘레는 몇 cm인가요?

(27 cm)

풀이 변 ㄱㄴ의 대응변은 변 ㄹㅁ이므로 (변 ㄱㄴ)=12 cm입니다.
⇨ (삼각형 ㄱㄴㄷ의 둘레)=12+9+6=27(cm)

2 두 삼각형은 서로 합동입니다. 삼각형 ㄹㅁㅂ의 둘레는 몇 cm인가요?

(26 cm)

풀이 변 ㅁㅂ의 대응변은 변 ㄷㄴ이므로 (변 ㅁㅂ)=8 cm입니다.
⇨ (삼각형 ㄹㅁㅂ의 둘레)=7+8+11=26(cm)

3 두 사각형은 서로 합동입니다. 사각형 ㄱㄴㄷㄹ의 둘레는 몇 cm인가요?

(26 cm)

풀이 변 ㄴㄷ의 대응변은 변 ㅅㅂ이므로 (변 ㄴㄷ)=8 cm이고,
변 ㄷㄹ의 대응변은 변 ㅂㅁ이므로 (변 ㄷㄹ)=7 cm입니다.
⇨ (사각형 ㄱㄴㄷㄹ의 둘레)=5+8+7+6=26(cm)

4 두 사각형은 서로 합동입니다. 사각형 ㅁㅂㅅㅇ의 둘레는 몇 cm인가요?

(49 cm)

풀이 변 ㅁㅂ의 대응변은 변 ㄹㄷ이므로 (변 ㅁㅂ)=13 cm이고,
변 ㅅㅇ의 대응변은 변 ㄱㄴ이므로 (변 ㅅㅇ)=12 cm입니다.
⇨ (사각형 ㅁㅂㅅㅇ의 둘레)=13+14+12+10=49(cm)

5 두 사각형은 서로 합동입니다. 사각형 ㄱㄴㄷㄹ의 둘레는 몇 cm인가요?

(32 cm)

풀이 변 ㄱㄹ의 대응변은 변 ㅁㅇ이므로 (변 ㄱㄹ)=6 cm이고,
변 ㄴㄷ의 대응변은 변 ㅂㅅ이므로 (변 ㄴㄷ)=7 cm입니다.
⇨ (사각형 ㄱㄴㄷㄹ의 둘레)=8+7+11+6=32(cm)

42-43쪽

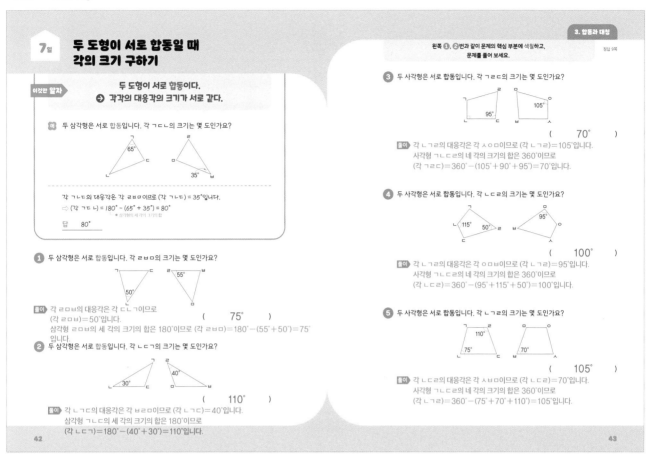

7일 두 도형이 서로 합동일 때 각의 크기 구하기

이것만 알자
두 도형이 서로 합동이다.
➡ 각각의 대응각의 크기가 서로 같다.

예) 두 삼각형은 서로 합동입니다. 각 ㄱㄷㄴ의 크기는 몇 도인가요?

각 ㄱㄷㄴ의 대응각은 각 ㄹㅁㅂ이므로 (각 ㄱㄷㄴ) = 35°입니다.
➡ (각 ㄱㄷㄴ) = 180° − (65° + 35°) = 80°
　　　　　　　　　● 삼각형의 세 각의 크기의 합

답　80°

① 두 삼각형은 서로 합동입니다. 각 ㄹㅁㅂ의 크기는 몇 도인가요?

(75°)

풀이) 각 ㄹㅁㅂ의 대응각은 각 ㄷㄴㄱ이므로
(각 ㄹㅁㅂ) = 50°입니다.
삼각형 ㄹㅁㅂ의 세 각의 크기의 합은 180°이므로 (각 ㄹㅂㅁ) = 180° − (55° + 50°) = 75° 입니다.

② 두 삼각형은 서로 합동입니다. 각 ㄴㄷㄱ의 크기는 몇 도인가요?

(110°)

풀이) 각 ㄴㄱㄷ의 대응각은 각 ㅂㄹㅁ이므로 (각 ㄴㄱㄷ) = 40°입니다.
삼각형 ㄱㄴㄷ의 세 각의 크기의 합은 180°이므로 (각 ㄴㄷㄱ) = 180° − (40° + 30°) = 110°입니다.

왼쪽 ①, ②번과 같이 문제의 핵심 부분에 색칠하고, 문제를 풀어 보세요.　　정답 9쪽

③ 두 사각형은 서로 합동입니다. 각 ㄱㄹㄷ의 크기는 몇 도인가요?

(70°)

풀이) 각 ㄴㄱㄹ의 대응각은 각 ㅅㅇㅁ이므로 (각 ㄴㄱㄹ) = 105°입니다.
사각형 ㄱㄴㄷㄹ의 네 각의 크기의 합은 360°이므로
(각 ㄱㄹㄷ) = 360° − (105° + 90° + 95°) = 70°입니다.

④ 두 사각형은 서로 합동입니다. 각 ㄴㄷㄹ의 크기는 몇 도인가요?

(100°)

풀이) 각 ㄴㄱㄹ의 대응각은 각 ㅇㅁㅂ이므로 (각 ㄴㄱㄹ) = 95°입니다.
사각형 ㄱㄴㄷㄹ의 네 각의 크기의 합은 360°이므로
(각 ㄴㄷㄹ) = 360° − (95° + 115° + 50°) = 100°입니다.

⑤ 두 사각형은 서로 합동입니다. 각 ㄴㄱㄹ의 크기는 몇 도인가요?

(105°)

풀이) 각 ㄴㄷㄹ의 대응각은 각 ㅅㅂㅁ이므로 (각 ㄴㄷㄹ) = 70°입니다.
사각형 ㄱㄴㄷㄹ의 네 각의 크기의 합은 360°이므로
(각 ㄴㄱㄹ) = 360° − (75° + 70° + 110°) = 105°입니다.

42　　　　　　43

44-45쪽

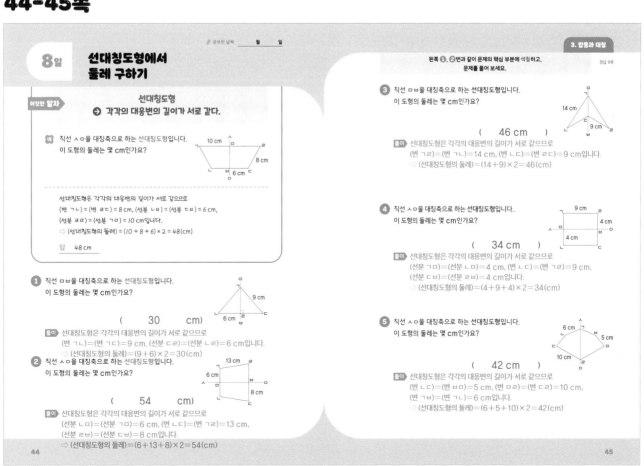

✏ 공부한 날짜　　월　　일

8일 선대칭도형에서 둘레 구하기

이것만 알자
선대칭도형
➡ 각각의 대응변의 길이가 서로 같다.

예) 직선 ㅅㅇ을 대칭축으로 하는 선대칭도형입니다.
이 도형의 둘레는 몇 cm인가요?

선대칭도형은 각각의 대응변의 길이가 서로 같으므로
(변 ㄱㄴ) = (변 ㄹㄷ) = 8 cm, (선분 ㄴㅂ) = (선분 ㄷㅂ) = 6 cm,
(선분 ㄹㅁ) = (선분 ㄱㅁ) = 10 cm입니다.
➡ (선대칭도형의 둘레) = (10 + 8 + 6) × 2 = 48(cm)

답　48 cm

① 직선 ㅁㅂ을 대칭축으로 하는 선대칭도형입니다.
이 도형의 둘레는 몇 cm인가요?

(30 cm)

풀이) 선대칭도형은 각각의 대응변의 길이가 서로 같으므로
(변 ㄱㄴ) = (변 ㄷㄴ) = 9 cm, (선분 ㄷㄹ) = (선분 ㄴㄹ) = 6 cm입니다.
➡ (선대칭도형의 둘레) = (9 + 6) × 2 = 30(cm)

② 직선 ㅅㅇ을 대칭축으로 하는 선대칭도형입니다.
이 도형의 둘레는 몇 cm인가요?

(54 cm)

풀이) 선대칭도형은 각각의 대응변의 길이가 서로 같으므로
(선분 ㄴㅁ) = (선분 ㄱㅁ) = 6 cm, (변 ㄴㄷ) = (변 ㄱㄹ) = 13 cm,
(선분 ㄹㅂ) = (선분 ㄷㅂ) = 8 cm입니다.
➡ (선대칭도형의 둘레) = (6 + 13 + 8) × 2 = 54(cm)

왼쪽 ①, ②번과 같이 문제의 핵심 부분에 색칠하고, 문제를 풀어 보세요.　　정답 9쪽

③ 직선 ㅁㅂ을 대칭축으로 하는 선대칭도형입니다.
이 도형의 둘레는 몇 cm인가요?

(46 cm)

풀이) 선대칭도형은 각각의 대응변의 길이가 서로 같으므로
(변 ㄱㄹ) = (변 ㄱㄴ) = 14 cm, (변 ㄴㄷ) = (변 ㄹㄷ) = 9 cm입니다.
➡ (선대칭도형의 둘레) = (14 + 9) × 2 = 46(cm)

④ 직선 ㅅㅇ을 대칭축으로 하는 선대칭도형입니다.
이 도형의 둘레는 몇 cm인가요?

(34 cm)

풀이) 선대칭도형은 각각의 대응변의 길이가 서로 같으므로
(선분 ㄱㅁ) = (선분 ㄴㅁ) = 4 cm, (변 ㄴㄷ) = (변 ㄱㄹ) = 9 cm,
(선분 ㄷㅂ) = (선분 ㄹㅂ) = 4 cm입니다.
➡ (선대칭도형의 둘레) = (4 + 9 + 4) × 2 = 34(cm)

⑤ 직선 ㅅㅇ을 대칭축으로 하는 선대칭도형입니다.
이 도형의 둘레는 몇 cm인가요?

(42 cm)

풀이) 선대칭도형은 각각의 대응변의 길이가 서로 같으므로
(변 ㄴㄷ) = (변 ㅂㅁ) = 5 cm, (변 ㅁㄹ) = (변 ㄷㄹ) = 10 cm,
(변 ㄱㅂ) = (변 ㄱㄴ) = 6 cm입니다.
➡ (선대칭도형의 둘레) = (6 + 5 + 10) × 2 = 42(cm)

44　　　　　　45

3 합동과 대칭

46-47쪽

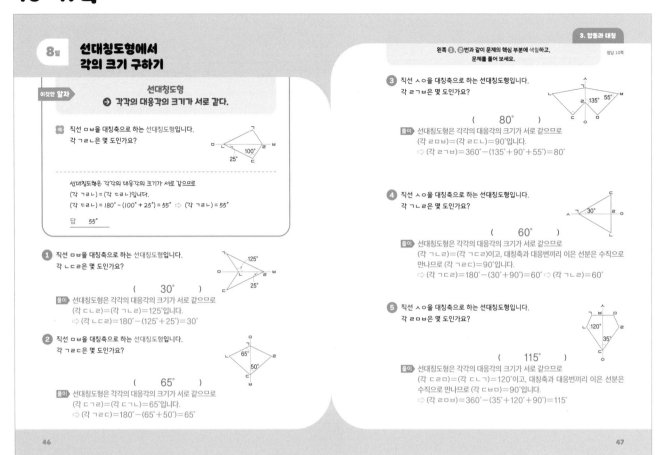

8일 선대칭도형에서 각의 크기 구하기

이것만 알자
선대칭도형
→ 각각의 대응각의 크기가 서로 같다.

예 직선 ㅁㅂ을 대칭축으로 하는 선대칭도형입니다. 각 ㄱㄹㄴ은 몇 도인가요?

선대칭도형은 각각의 대응각의 크기가 서로 같으므로
(각 ㄱㄹㄴ) = (각 ㄷㄹㄴ)입니다.
(각 ㄷㄹㄴ) = 180° − (100° + 25°) = 55° ➡ (각 ㄱㄹㄴ) = 55°

답 55°

1 직선 ㅁㅂ을 대칭축으로 하는 선대칭도형입니다. 각 ㄴㄷㄹ은 몇 도인가요?

(30°)

풀이 선대칭도형은 각각의 대응각의 크기가 서로 같으므로
(각 ㄷㄷㄹ)=(각 ㄷㄷㄹ)=125°입니다.
➡ (각 ㄴㄷㄹ)=180°−(125°+25°)=30°

2 직선 ㅁㅂ을 대칭축으로 하는 선대칭도형입니다. 각 ㄱㄹㄷ은 몇 도인가요?

(65°)

풀이 선대칭도형은 각각의 대응각의 크기가 서로 같으므로
(각 ㄷㄱㄷ)=(각 ㄷㄱㄴ)=65°입니다.
➡ (각 ㄱㄹㄷ)=180°−(65°+50°)=65°

왼쪽 ❶, ❷번과 같이 문제의 핵심 부분에 색칠하고, 문제를 풀어 보세요.   정답 10쪽

3 직선 ㅅㅇ을 대칭축으로 하는 선대칭도형입니다. 각 ㄹㄱㅂ은 몇 도인가요?

(80°)

풀이 선대칭도형은 각각의 대응각의 크기가 서로 같으므로
(각 ㄹㅁㅂ)=(각 ㄹㅁㄷ)=90°입니다.
➡ (각 ㄹㄱㅂ)=360°−(135°+90°+55°)=80°

4 직선 ㅅㅇ을 대칭축으로 하는 선대칭도형입니다. 각 ㄱㄴㄹ은 몇 도인가요?

(60°)

풀이 선대칭도형은 각각의 대응각의 크기가 서로 같으므로
(각 ㄱㄴㄹ)=(각 ㄱㄴㄷ)이고, 대칭축과 대응변끼리 이은 선분은 수직으로
만나므로 (각 ㄱㄴㄷ)=90°입니다.
➡ (각 ㄱㄴㄹ)=180°−(30°+90°)=60° ➡ (각 ㄱㄴㄹ)=60°

5 직선 ㅅㅇ을 대칭축으로 하는 선대칭도형입니다. 각 ㄹㅁㅂ은 몇 도인가요?

(115°)

풀이 선대칭도형은 각각의 대응각의 크기가 서로 같으므로
(각 ㄹㅁㅂ)=(각 ㄹㅁㄷ)=120°이고, 대칭축과 대응변끼리 이은 선분은
수직으로 만나므로 (각 ㄷㅂㅁ)=90°입니다.
➡ (각 ㄹㅁㅂ)=360°−(35°+120°+90°)=115°

46   47

48-49쪽

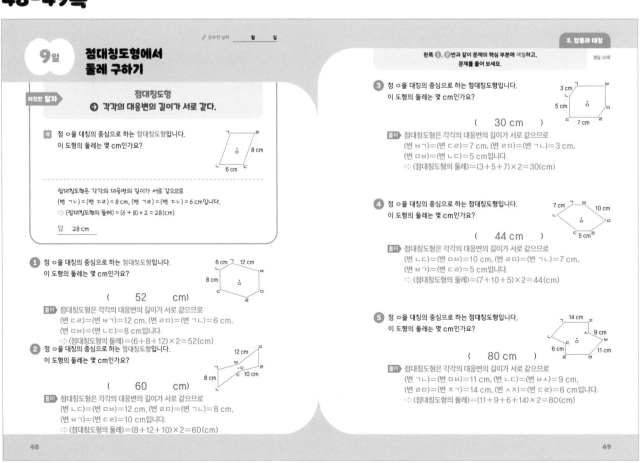

9일 점대칭도형에서 둘레 구하기

✎ 공부한 날짜   월   일   3. 합동과 대칭

이것만 알자
점대칭도형
→ 각각의 대응변의 길이가 서로 같다.

예 점 ㅇ을 대칭의 중심으로 하는 점대칭도형입니다. 이 도형의 둘레는 몇 cm인가요?

점대칭도형은 각각의 대응변의 길이가 서로 같으므로
(변 ㄱㄴ) = (변 ㄷㄹ) = 8 cm, (변 ㄱㄹ) = (변 ㄷㄴ) = 6 cm입니다.
➡ (점대칭도형의 둘레) = (6 + 8) × 2 = 28(cm)

답 28 cm

1 점 ㅇ을 대칭의 중심으로 하는 점대칭도형입니다. 이 도형의 둘레는 몇 cm인가요?

(52 cm)

풀이 점대칭도형은 각각의 대응변의 길이가 서로 같으므로
(변 ㄷㄹ)=(변 ㅂㄱ)=12 cm, (변 ㄹㅁ)=(변 ㄱㄴ)=6 cm,
(변 ㅁㅂ)=(변 ㄴㄷ)=8 cm입니다.
➡ (점대칭도형의 둘레)=(6+8+12)×2=52(cm)

2 점 ㅇ을 대칭의 중심으로 하는 점대칭도형입니다. 이 도형의 둘레는 몇 cm인가요?

(60 cm)

풀이 점대칭도형은 각각의 대응변의 길이가 서로 같으므로
(변 ㄴㄷ)=(변 ㅁㅂ)=12 cm, (변 ㄹㅁ)=(변 ㄱㄴ)=8 cm,
(변 ㅂㄱ)=(변 ㄷㄹ)=10 cm입니다.
➡ (점대칭도형의 둘레)=(8+12+10)×2=60(cm)

왼쪽 ❶, ❷번과 같이 문제의 핵심 부분에 색칠하고, 문제를 풀어 보세요.   정답 10쪽

3 점 ㅇ을 대칭의 중심으로 하는 점대칭도형입니다. 이 도형의 둘레는 몇 cm인가요?

(30 cm)

풀이 점대칭도형은 각각의 대응변의 길이가 서로 같으므로
(변 ㅂㄱ)=(변 ㄷㄹ)=7 cm, (변 ㄹㅁ)=(변 ㄱㄴ)=3 cm,
(변 ㅁㅂ)=(변 ㄴㄷ)=5 cm입니다.
➡ (점대칭도형의 둘레)=(3+5+7)×2=30(cm)

4 점 ㅇ을 대칭의 중심으로 하는 점대칭도형입니다. 이 도형의 둘레는 몇 cm인가요?

(44 cm)

풀이 점대칭도형은 각각의 대응변의 길이가 서로 같으므로
(변 ㄴㄷ)=(변 ㅁㅂ)=10 cm, (변 ㄹㅁ)=(변 ㄱㄴ)=7 cm,
(변 ㅂㄱ)=(변 ㄷㄹ)=5 cm입니다.
➡ (점대칭도형의 둘레)=(7+10+5)×2=44(cm)

5 점 ㅇ을 대칭의 중심으로 하는 점대칭도형입니다. 이 도형의 둘레는 몇 cm인가요?

(80 cm)

풀이 점대칭도형은 각각의 대응변의 길이가 서로 같으므로
(변 ㄱㄴ)=(변 ㅁㅂ)=11 cm, (변 ㄴㄷ)=(변 ㅂㅅ)=9 cm,
(변 ㄹㅁ)=(변 ㅈㄱ)=14 cm, (변 ㅅㅈ)=(변 ㄷㄹ)=6 cm입니다.
➡ (점대칭도형의 둘레)=(11+9+6+14)×2=80(cm)

48   49

50-51쪽

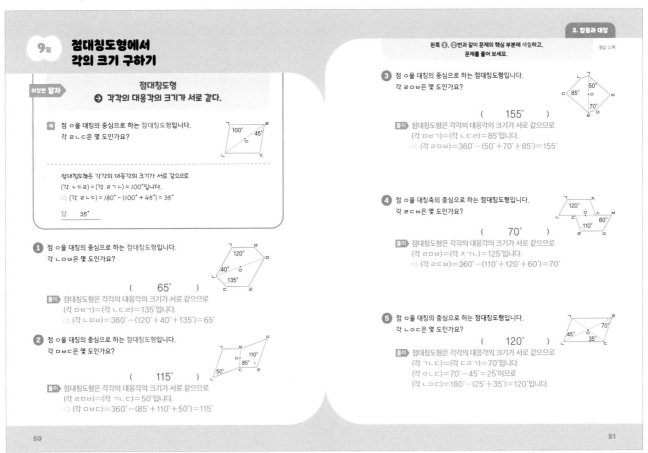

9일 점대칭도형에서 각의 크기 구하기

이것만 알자
점대칭도형
➡ 각각의 대응각의 크기가 서로 같다.

예) 점 ㅇ을 대칭의 중심으로 하는 점대칭도형입니다.
각 ㄹㄴㄷ은 몇 도인가요?

점대칭도형은 각각의 대응각의 크기가 서로 같으므로
(각 ㄴㄷㄹ)=(각 ㄹㄱㄴ)=100°입니다.
➡ (각 ㄹㄴㄷ)=180°-(100°+45°)=35°

답 35°

① 점 ㅇ을 대칭의 중심으로 하는 점대칭도형입니다.
각 ㄴㅁㅂ은 몇 도인가요?

(65°)

풀이 점대칭도형은 각각의 대응각의 크기가 서로 같으므로
(각 ㅁㅂㄱ)=(각 ㄴㄷㄹ)=135°입니다.
➡ (각 ㄴㅁㅂ)=360°-(120°+40°+135°)=65°

② 점 ㅇ을 대칭의 중심으로 하는 점대칭도형입니다.
각 ㅁㅂㄷ은 몇 도인가요?

(115°)

풀이 점대칭도형은 각각의 대응각의 크기가 서로 같으므로
(각 ㄹㅁㅂ)=(각 ㄱㄴㄷ)=50°입니다.
➡ (각 ㅁㅂㄷ)=360°-(85°+110°+50°)=115°

왼쪽 ①, ②번과 같이 문제의 핵심 부분에 색칠하고,
문제를 풀어 보세요.

정답 11쪽

③ 점 ㅇ을 대칭의 중심으로 하는 점대칭도형입니다.
각 ㄹㅁㅂ은 몇 도인가요?

(155°)

풀이 점대칭도형은 각각의 대응각의 크기가 서로 같으므로
(각 ㅁㅂㄱ)=(각 ㄴㄷㄹ)=85°입니다.
➡ (각 ㄹㅁㅂ)=360°-(50°+70°+85°)=155°

④ 점 ㅇ을 대칭축의 중심으로 하는 점대칭도형입니다.
각 ㄹㄷㅂ은 몇 도인가요?

(70°)

풀이 점대칭도형은 각각의 대응각의 크기가 서로 같으므로
(각 ㄹㄷㅂ)=(각 ㅈㄱㄴ)=125°입니다.
➡ (각 ㄹㄷㅂ)=360°-(110°+120°+60°)=70°

⑤ 점 ㅇ을 대칭의 중심으로 하는 점대칭도형입니다.
각 ㄴㅇㄷ은 몇 도인가요?

(120°)

풀이 점대칭도형은 각각의 대응각의 크기가 서로 같으므로
(각 ㄱㄴㄷ)=(각 ㄷㄹㄱ)=70°입니다.
(각 ㅇㄴㄷ)=70°-45°=25°이므로
(각 ㄴㅇㄷ)=180°-(25°+35°)=120°입니다.

50   51

52-53쪽

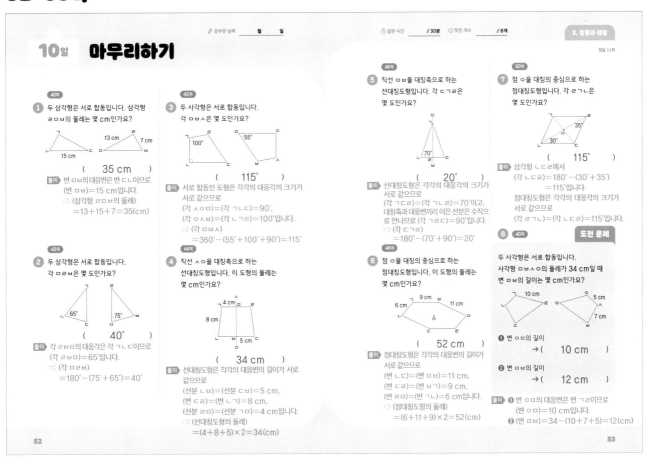

✏ 공부한 날짜   월   일   ⏱ 걸린 시간   /30분   맞은 개수   /8개

10일 마무리하기

정답 11쪽

[40쪽]
① 두 삼각형은 서로 합동입니다. 삼각형 ㄹㅁㅂ의 둘레는 몇 cm인가요?

13 cm   7 cm
15 cm

(35 cm)

풀이 변 ㅁㅂ의 대응변은 변 ㄷㄴ이므로
(변 ㅁㅂ)=15 cm입니다.
➡ (삼각형 ㄹㅁㅂ의 둘레)
=13+15+7=35(cm)

[42쪽]
② 두 삼각형은 서로 합동입니다.
각 ㅁㄹㅂ은 몇 도인가요?

65°   75°

(40°)

풀이 각 ㄹㅂㅁ의 대응각은 각 ㄱㄷㄴ이므로
(각 ㄹㅂㅁ)=65°입니다.
➡ (각 ㅁㄹㅂ)
=180°-(75°+65°)=40°

[42쪽]
③ 두 사각형은 서로 합동입니다.
각 ㅁㅂㅅ은 몇 도인가요?

100°   55°

(115°)

풀이 서로 합동인 도형은 각각의 대응각의 크기가 서로 같으므로
(각 ㅅㅇㅁ)=(각 ㄷㄹㄷ)=90°,
(각 ㅇㅅㅂ)=(각 ㄴㄷㄹ)=100°입니다.
➡ (각 ㅁㅂㅅ)
=360°-(55°+100°+90°)=115°

[44쪽]
④ 직선 ㅅㅇ을 대칭축으로 하는 선대칭도형입니다. 이 도형의 둘레는 몇 cm인가요?

4 cm
8 cm
5 cm

(34 cm)

풀이 선대칭도형은 각각의 대응변의 길이가 서로 같으므로
(선분 ㄴㅂ)=(선분 ㄷㅂ)=5 cm,
(변 ㄷㄹ)=(변 ㄷㄱ)=8 cm,
(선분 ㄹㅁ)=(선분 ㄱㅁ)=4 cm입니다.
➡ (선대칭도형의 둘레)
=(4+8+5)×2=34(cm)

[46쪽]
⑤ 직선 ㅁㅂ을 대칭축으로 하는 선대칭도형입니다. 각 ㄷㄱㄹ은 몇 도인가요?

70°

(20°)

풀이 선대칭도형은 각각의 대응각의 크기가 서로 같으므로
(각 ㄱㄷㄹ)=(각 ㄱㄴㄹ)=70°이고,
대칭축과 대응변끼리 이은 선분은 수직으로 만나므로 (각 ㄱㄹㄷ)=90°입니다.
➡ (각 ㄷㄱㄹ)
=180°-(70°+90°)=20°

[48쪽]
⑥ 점 ㅇ을 대칭의 중심으로 하는 점대칭도형입니다. 이 도형의 둘레는 몇 cm인가요?

6 cm   9 cm   11 cm

(52 cm)

풀이 점대칭도형은 각각의 대응변의 길이가 서로 같으므로
(변 ㄴㄷ)=(변 ㅁㅂ)=11 cm,
(변 ㄷㄹ)=(변 ㅂㄱ)=9 cm,
(변 ㄹㅁ)=(변 ㄱㄴ)=6 cm입니다.
➡ (점대칭도형의 둘레)
=(6+11+9)×2=52(cm)

[50쪽]
⑦ 점 ㅇ을 대칭의 중심으로 하는 점대칭도형입니다. 각 ㄹㄱㄴ은 몇 도인가요?

35°   30°

(115°)

풀이 삼각형 ㄴㄷㄹ에서
(각 ㄴㄷㄹ)=180°-(30°+35°)
=115°입니다.
점대칭도형은 각각의 대응각의 크기가 서로 같으므로
(각 ㄹㄱㄴ)=(각 ㄴㄷㄹ)=115°입니다.

⑧ [40쪽] **도전 문제**

두 사각형은 서로 합동입니다.
사각형 ㅁㅂㅅㅇ의 둘레가 34 cm일 때 변 ㅁㅂ의 길이는 몇 cm인가요?

10 cm
5 cm
7 cm

❶ 변 ㅇㅁ의 길이
→ (10 cm)

❷ 변 ㅁㅂ의 길이
→ (12 cm)

풀이 ❶ 변 ㅇㅁ의 대응변은 변 ㄱㄹ이므로
(변 ㅇㅁ)=10 cm입니다.
❷ (변 ㅁㅂ)=34-(10+7+5)=12(cm)

4 소수의 곱셈

56-57쪽

준비 **계산으로 문장제 준비하기**

정답 12쪽

◆ 계산해 보세요.

1
$$\begin{array}{r} 0.9 \\ \times\ \ 4 \\ \hline 3.6 \end{array}$$
→ 자연수의 곱셈을 한 다음 곱하는 소수의 소수점의 위치에 맞추어 곱의 결과에 소수점을 찍어요.

5
$$\begin{array}{r} 0.8 \\ \times\ 0.6 \\ \hline 0.48 \end{array}$$
→ 자연수의 곱셈을 한 다음 곱하는 두 소수의 소수점 아래 자리 수의 합만큼 곱의 결과에 소수점을 찍어요.

2
$$\begin{array}{r} 3.5\,1 \\ \times\ \ \ 6 \\ \hline 2\,1.0\,6 \end{array}$$

6
$$\begin{array}{r} 2.9 \\ \times\ 3.5 \\ \hline 1\,0.1\,5 \end{array}$$

3
$$\begin{array}{r} 5 \\ \times\ 0.9 \\ \hline 4.5 \end{array}$$

7
$$\begin{array}{r} 1.1\,4 \\ \times\ \ 0.7 \\ \hline 0.7\,9\,8 \end{array}$$

4
$$\begin{array}{r} 1\,7 \\ \times\ 0.2\,8 \\ \hline 4.7\,6 \end{array}$$

8
$$\begin{array}{r} 8.5\,3 \\ \times\ \ 5.3 \\ \hline 4\,5.2\,0\,9 \end{array}$$

9 $0.45 \times 8 = 3.6$

10 $1.5 \times 4 = 6$

11 $29 \times 7.19 = 208.51$

12 $0.8 \times 0.16 = 0.128$

13 $5.1 \times 1.7 = 8.67$

14 $2.08 \times 10 = 20.8$
$2.08 \times 100 = 208$
$2.08 \times 1000 = 2080$
→ 곱하는 수 10, 100, 1000의 0의 개수만큼 곱의 소수점을 오른쪽으로 옮겨요.

15 $0.175 \times 10 = 1.75$
$0.175 \times 100 = 17.5$
$0.175 \times 1000 = 175$

16 $560 \times 0.1 = 56$
$560 \times 0.01 = 5.6$
$560 \times 0.001 = 0.56$
→ 곱하는 수 0.1, 0.01, 0.001의 소수점 아래 자리 수만큼 곱의 소수점을 왼쪽으로 옮겨요.

17 $6201 \times 0.1 = 620.1$
$6201 \times 0.01 = 62.01$
$6201 \times 0.001 = 6.201$

56

57

58-59쪽

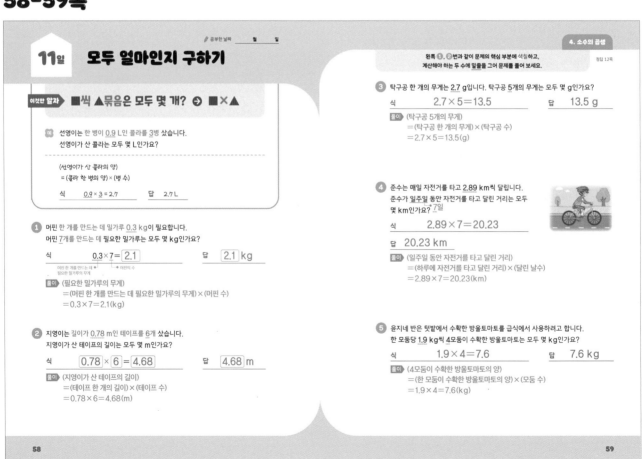

✏ 공부한 날짜 ___월 ___일

11일 모두 얼마인지 구하기

이것만 알자 ■씩 ▲묶음은 모두 몇 개? ➡ ■×▲

예 선영이는 한 병이 0.9 L인 콜라를 3병 샀습니다.
선영이가 산 콜라는 모두 몇 L인가요?

(선영이가 산 콜라의 양)
= (콜라 한 병의 양) × (병 수)

식 0.9 × 3 = 2.7   답 2.7 L

1 머핀 한 개를 만드는 데 밀가루 0.3 kg이 필요합니다.
머핀 7개를 만드는 데 필요한 밀가루는 모두 몇 kg인가요?

식 0.3 × 7 = 2.1   답 2.1 kg

머핀 한 개를 만드는 데 / 머핀의 수
필요한 밀가루의 무게

풀이 (필요한 밀가루의 무게)
= (머핀 한 개를 만드는 데 필요한 밀가루의 무게) × (머핀 수)
= 0.3 × 7 = 2.1(kg)

2 지영이는 길이가 0.78 m인 테이프를 6개 샀습니다.
지영이가 산 테이프의 길이는 모두 몇 m인가요?

식 0.78 × 6 = 4.68   답 4.68 m

풀이 (지영이가 산 테이프의 길이)
= (테이프 한 개의 길이) × (테이프 수)
= 0.78 × 6 = 4.68(m)

왼쪽 **1**, **2**번과 같이 문제의 핵심 부분에 색칠하고,
계산해야 하는 두 수에 밑줄을 그어 문제를 풀어 보세요.

정답 12쪽

3 탁구공 한 개의 무게는 2.7 g입니다. 탁구공 5개의 무게는 모두 몇 g인가요?

식 2.7 × 5 = 13.5   답 13.5 g

풀이 (탁구공 5개의 무게)
= (탁구공 한 개의 무게) × (탁구공 수)
= 2.7 × 5 = 13.5(g)

4 준수는 매일 자전거를 타고 2.89 km씩 달립니다.
준수가 일주일 동안 자전거를 타고 달린 거리는 모두
몇 km인가요? 7일

식 2.89 × 7 = 20.23

답 20.23 km

풀이 (일주일 동안 자전거를 타고 달린 거리)
= (하루에 자전거를 타고 달린 거리) × (달린 날수)
= 2.89 × 7 = 20.23(km)

5 윤지네 반은 텃밭에서 수확한 방울토마토를 급식에서 사용하려고 합니다.
한 모둠당 1.9 kg씩 4모둠이 수확한 방울토마토는 모두 몇 kg인가요?

식 1.9 × 4 = 7.6   답 7.6 kg

풀이 (4모둠이 수확한 방울토마토의 양)
= (한 모둠이 수확한 방울토마토의 양) × (모둠 수)
= 1.9 × 4 = 7.6(kg)

58

59

12

60-61쪽

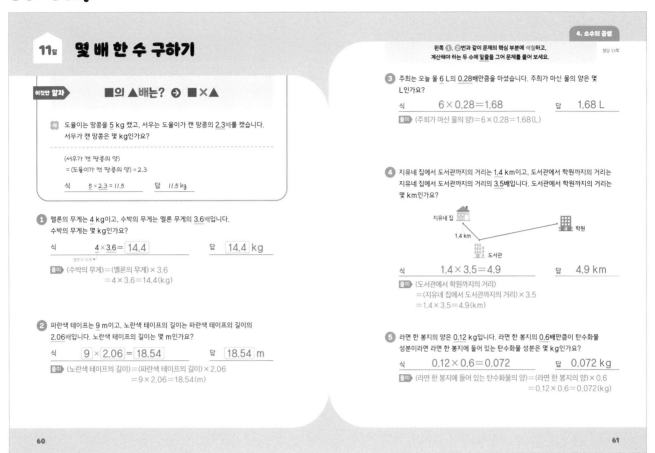

11일 몇 배 한 수 구하기

4. 소수의 곱셈

이것만 알자 ■의 ▲배는? ➡ ■×▲

예) 도율이는 땅콩을 5 kg 캤고, 서우는 도율이가 캔 땅콩의 2.3배를 캤습니다.
서우가 캔 땅콩은 몇 kg인가요?

(서우가 캔 땅콩의 양)
= (도율이가 캔 땅콩의 양) × 2.3

식 5 × 2.3 = 11.5 답 11.5 kg

1 멜론의 무게는 4 kg이고, 수박의 무게는 멜론 무게의 3.6배입니다.
수박의 무게는 몇 kg인가요?

식 4 × 3.6 = 14.4 답 14.4 kg

풀이 (수박의 무게)＝(멜론의 무게)×3.6
＝4×3.6=14.4(kg)

2 파란색 테이프는 9 m이고, 노란색 테이프의 길이는 파란색 테이프의 길이의
2.06배입니다. 노란색 테이프의 길이는 몇 m인가요?

식 9 × 2.06 = 18.54 답 18.54 m

풀이 (노란색 테이프의 길이)＝(파란색 테이프의 길이)×2.06
＝9×2.06=18.54(m)

왼쪽 **1**, **2**번과 같이 문제의 핵심 부분에 색칠하고,
계산해야 하는 두 수에 밑줄을 그어 문제를 풀어 보세요.

정답 13쪽

3 주희는 오늘 물 6 L의 0.28배만큼을 마셨습니다. 주희가 마신 물의 양은 몇
L인가요?

식 6 × 0.28 = 1.68 답 1.68 L

풀이 (주희가 마신 물의 양)＝6×0.28=1.68(L)

4 지유네 집에서 도서관까지의 거리는 1.4 km이고, 도서관에서 학원까지의 거리는
지유네 집에서 도서관까지의 거리의 3.5배입니다. 도서관에서 학원까지의 거리는
몇 km인가요?

지유네 집
1.4 km
도서관
학원

식 1.4 × 3.5 = 4.9 답 4.9 km

풀이 (도서관에서 학원까지의 거리)
＝(지유네 집에서 도서관까지의 거리)×3.5
＝1.4×3.5=4.9(km)

5 라면 한 봉지의 양은 0.12 kg입니다. 라면 한 봉지의 0.6배만큼이 탄수화물
성분이라면 라면 한 봉지에 들어 있는 탄수화물 성분은 몇 kg인가요?

식 0.12 × 0.6 = 0.072 답 0.072 kg

풀이 (라면 한 봉지에 들어 있는 탄수화물의 양)＝(라면 한 봉지의 양)×0.6
＝0.12×0.6=0.072(kg)

62-63쪽

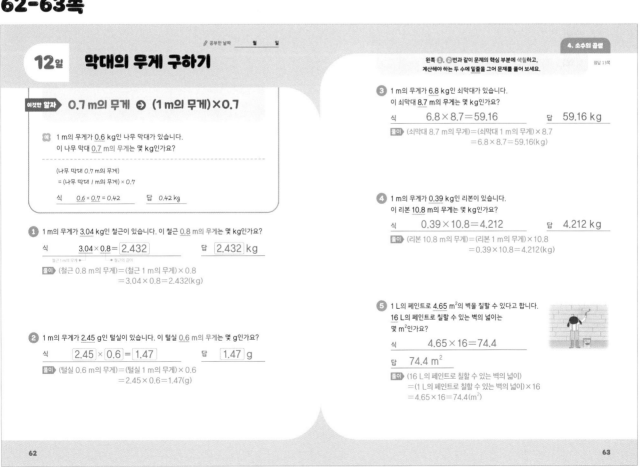

12일 막대의 무게 구하기

공부한 날짜 월 일

4. 소수의 곱셈

이것만 알자 0.7 m의 무게 ➡ (1 m의 무게)×0.7

예) 1 m의 무게가 0.6 kg인 나무 막대가 있습니다.
이 나무 막대 0.7 m의 무게는 몇 kg인가요?

(나무 막대 0.7 m의 무게)
= (나무 막대 1 m의 무게) × 0.7

식 0.6 × 0.7 = 0.42 답 0.42 kg

1 1 m의 무게가 3.04 kg인 철근이 있습니다. 이 철근 0.8 m의 무게는 몇 kg인가요?

식 3.04 × 0.8 = 2.432 답 2.432 kg

풀이 (철근 0.8 m의 무게)＝(철근 1 m의 무게)×0.8
＝3.04×0.8=2.432(kg)

2 1 m의 무게가 2.45 g인 털실이 있습니다. 이 털실 0.6 m의 무게는 몇 g인가요?

식 2.45 × 0.6 = 1.47 답 1.47 g

풀이 (털실 0.6 m의 무게)＝(털실 1 m의 무게)×0.6
＝2.45×0.6=1.47(g)

왼쪽 **1**, **2**번과 같이 문제의 핵심 부분에 색칠하고,
계산해야 하는 두 수에 밑줄을 그어 문제를 풀어 보세요.

정답 13쪽

3 1 m의 무게가 6.8 kg인 쇠막대가 있습니다.
이 쇠막대 8.7 m의 무게는 몇 kg인가요?

식 6.8 × 8.7 = 59.16 답 59.16 kg

풀이 (쇠막대 8.7 m의 무게)＝(쇠막대 1 m의 무게)×8.7
＝6.8×8.7=59.16(kg)

4 1 m의 무게가 0.39 kg인 리본이 있습니다.
이 리본 10.8 m의 무게는 몇 kg인가요?

식 0.39 × 10.8 = 4.212 답 4.212 kg

풀이 (리본 10.8 m의 무게)＝(리본 1 m의 무게)×10.8
＝0.39×10.8=4.212(kg)

5 1 L의 페인트로 4.65 m²의 벽을 칠할 수 있다고 합니다.
16 L의 페인트로 칠할 수 있는 벽의 넓이는
몇 m²인가요?

식 4.65 × 16 = 74.4

답 74.4 m²

풀이 (16 L의 페인트로 칠할 수 있는 벽의 넓이)
＝(1 L의 페인트로 칠할 수 있는 벽의 넓이)×16
＝4.65×16=74.4(m²)

4 소수의 곱셈

64-65쪽

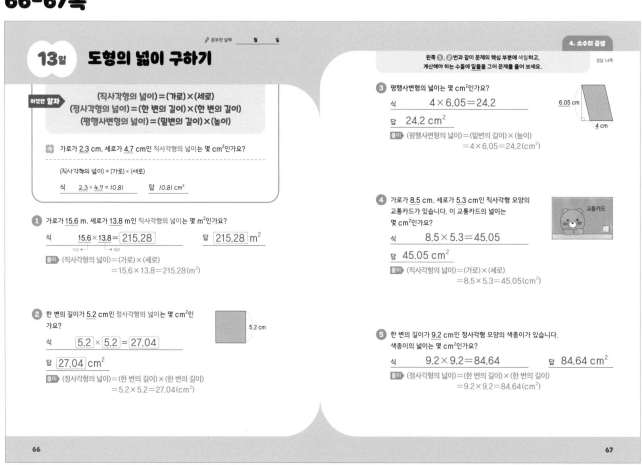

12일 도형의 둘레 구하기

4. 소수의 곱셈

정답 14쪽

이것만 알자

(정다각형의 둘레)=(한 변의 길이)×(변의 수)
(마름모의 둘레)=(한 변의 길이)×4

예 한 변의 길이가 4.8 cm인 정사각형의 둘레를 구해 보세요.

4.8 cm

(정사각형의 둘레)
= (한 변의 길이)×4

식 4.8×4=19.2   답 19.2 cm

왼쪽 ①, ②번과 같이 문제의 핵심 부분에 색칠하고,
계산해야 하는 수들에 밑줄을 그어 문제를 풀어 보세요.

1 한 변의 길이가 3.6 cm인 정사각형의 둘레는 몇 cm인가요?

식 3.6×4= 14.4   답 14.4 cm

풀이 (정사각형의 둘레)=(한 변의 길이)×4
=3.6×4=14.4(cm)

3 한 변의 길이가 0.27 m인 정오각형의 둘레는 몇 m인가요?

식 0.27×5=1.35

답 1.35 m

0.27 m

풀이 (정오각형의 둘레)=(한 변의 길이)×5
=0.27×5=1.35(m)

2 한 변의 길이가 6.15 cm인 마름모의 둘레는 몇 cm인가요?

6.15 cm

식 6.15 × 4 = 24.6

답 24.6 cm

풀이 (마름모의 둘레)=(한 변의 길이)×4
=6.15×4=24.6(cm)

4 한 변의 길이가 5.9 cm인 정육각형의 둘레는 몇 cm인가요?

5.9 cm

식 5.9×6=35.4

답 35.4 cm

풀이 (정육각형의 둘레)=(한 변의 길이)×6
=5.9×6=35.4(cm)

5 직사각형의 둘레는 몇 cm인가요?

2.5 cm
5.6 cm

식 (5.6+2.5)×2=16.2   답 16.2 cm

풀이 (직사각형의 둘레)=((가로)+(세로))×2
=(5.6+2.5)×2=16.2(cm)

64

65

66-67쪽

13일 도형의 넓이 구하기

공부한 날짜   월   일

4. 소수의 곱셈

정답 14쪽

이것만 알자

(직사각형의 넓이) =(가로)×(세로)
(정사각형의 넓이) =(한 변의 길이)×(한 변의 길이)
(평행사변형의 넓이)=(밑변의 길이)×(높이)

예 가로 2.3 cm, 세로 4.7 cm인 직사각형의 넓이는 몇 cm²인가요?

(직사각형의 넓이) = (가로)×(세로)

식 2.3×4.7=10.81   답 10.81 cm²

왼쪽 ①, ②번과 같이 문제의 핵심 부분에 색칠하고,
계산해야 하는 수들에 밑줄을 그어 문제를 풀어 보세요.

1 가로가 15.6 m, 세로가 13.8 m인 직사각형의 넓이는 몇 m²인가요?

식 15.6×13.8= 215.28   답 215.28 m²

풀이 (직사각형의 넓이)=(가로)×(세로)
=15.6×13.8=215.28(m²)

3 평행사변형의 넓이는 몇 cm²인가요?

식 4×6.05=24.2

답 24.2 cm²

6.05 cm
4 cm

풀이 (평행사변형의 넓이)=(밑변의 길이)×(높이)
=4×6.05=24.2(cm²)

2 한 변의 길이가 5.2 cm인 정사각형의 넓이는 몇 cm²인가요?

5.2 cm

식 5.2 × 5.2 = 27.04

답 27.04 cm²

풀이 (정사각형의 넓이)=(한 변의 길이)×(한 변의 길이)
=5.2×5.2=27.04(cm²)

4 가로가 8.5 cm, 세로가 5.3 cm인 직사각형 모양의 교통카드가 있습니다. 이 교통카드의 넓이는 몇 cm²인가요?

교통카드

식 8.5×5.3=45.05

답 45.05 cm²

풀이 (직사각형의 넓이)=(가로)×(세로)
=8.5×5.3=45.05(cm²)

5 한 변의 길이가 9.2 cm인 정사각형 모양의 색종이가 있습니다. 색종이의 넓이는 몇 cm²인가요?

식 9.2×9.2=84.64   답 84.64 cm²

풀이 (정사각형의 넓이)=(한 변의 길이)×(한 변의 길이)
=9.2×9.2=84.64(cm²)

66

67

68-69쪽

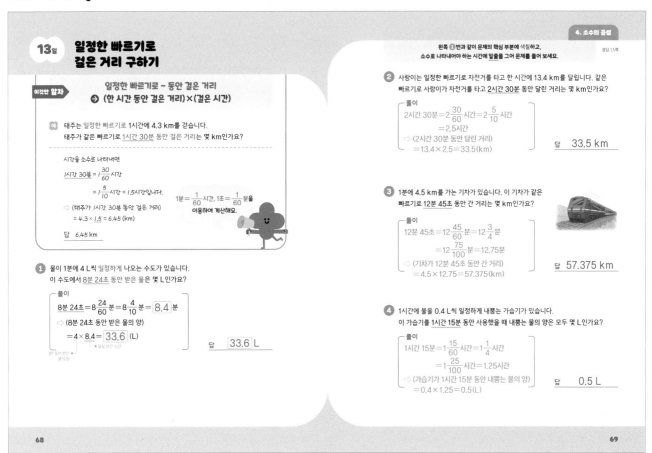

13일 일정한 빠르기로 걸은 거리 구하기

이것만 알자

일정한 빠르기로 ~ 동안 걸은 거리
➡ (한 시간 동안 걸은 거리)×(걸은 시간)

예 태주는 일정한 빠르기로 1시간에 4.3 km를 걷습니다.
태주가 같은 빠르기로 1시간 30분 동안 걸은 거리는 몇 km인가요?

시간을 소수로 나타내면
1시간 30분 = $1\frac{30}{60}$시간
= $1\frac{5}{10}$시간 = 1.5시간입니다.

1분=$\frac{1}{60}$시간, 1초=$\frac{1}{60}$분을 이용하여 계산해요.

➡ (태주가 1시간 30분 동안 걸은 거리)
= 4.3 × 1.5 = 6.45 (km)

답 6.45 km

1 물이 1분에 4 L씩 일정하게 나오는 수도가 있습니다.
이 수도에서 8분 24초 동안 받은 물은 몇 L인가요?

풀이
8분 24초=$8\frac{24}{60}$분=$8\frac{4}{10}$분=**8.4**분
➡ (8분 24초 동안 받은 물의 양)
=4×8.4=**33.6** (L)

답 **33.6** L

왼쪽 **1**번과 같이 문제의 핵심 부분에 색칠하고,
소수로 나타내어야 하는 시간에 밑줄을 그어 문제를 풀어 보세요.

정답 15쪽

2 사랑이는 일정한 빠르기로 자전거를 타고 한 시간에 13.4 km를 달립니다. 같은 빠르기로 사랑이가 자전거를 타고 2시간 30분 동안 달린 거리는 몇 km인가요?

풀이
2시간 30분=$2\frac{30}{60}$시간=$2\frac{5}{10}$시간
=2.5시간
➡ (2시간 30분 달린 거리)
=13.4×2.5=33.5(km)

답 33.5 km

3 1분에 4.5 km를 가는 기차가 있습니다. 이 기차가 같은 빠르기로 12분 45초 동안 간 거리는 몇 km인가요?

풀이
12분 45초=$12\frac{45}{60}$분=$12\frac{3}{4}$분
=$12\frac{75}{100}$분=12.75분
➡ (기차가 12분 45초 동안 간 거리)
=4.5×12.75=57.375(km)

답 57.375 km

4 1시간에 물을 0.4 L씩 일정하게 내뿜는 가습기가 있습니다.
이 가습기를 1시간 15분 동안 사용했을 때 내뿜는 물의 양은 모두 몇 L인가요?

풀이
1시간 15분=$1\frac{15}{60}$시간=$1\frac{1}{4}$시간
=$1\frac{25}{100}$시간=1.25시간
➡ (가습기가 1시간 15분 동안 내뿜는 물의 양)
=0.4×1.25=0.5(L)

답 0.5 L

68 / 69

70-71쪽

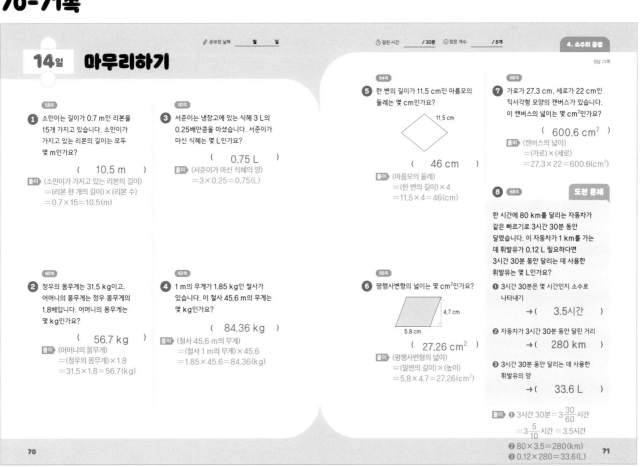

공부한 날짜 월 일 **걸린 시간** / 30분 **맞은 개수** / 8개

14일 마무리하기

정답 15쪽

1 58쪽
소민이는 길이가 0.7 m인 리본을 15개 가지고 있습니다. 소민이가 가지고 있는 리본의 길이는 모두 몇 m인가요?

(10.5 m)
풀이 (소민이가 가지고 있는 리본의 길이)
=(리본 한 개의 길이)×(리본 수)
=0.7×15=10.5(m)

2 60쪽
정우의 몸무게는 31.5 kg이고, 어머니의 몸무게는 정우 몸무게의 1.8배입니다. 어머니의 몸무게는 몇 kg인가요?

(56.7 kg)
풀이 (어머니의 몸무게)
=(정우의 몸무게)×1.8
=31.5×1.8=56.7(kg)

3 60쪽
서준이는 냉장고에 있는 식혜 3 L의 0.25배만큼을 마셨습니다. 서준이가 마신 식혜는 몇 L인가요?

(0.75 L)
풀이 (서준이가 마신 식혜의 양)
=3×0.25=0.75(L)

4 62쪽
1 m의 무게가 1.85 kg인 철사가 있습니다. 이 철사 45.6 m의 무게는 몇 kg인가요?

(84.36 kg)
풀이 (철사 45.6 m의 무게)
=(철사 1 m의 무게)×45.6
=1.85×45.6=84.36(kg)

5 64쪽
한 변의 길이가 11.5 cm인 마름모의 둘레는 몇 cm인가요?

11.5 cm

(46 cm)
풀이 (마름모의 둘레)
=(한 변의 길이)×4
=11.5×4=46(cm)

6 66쪽
평행사변형의 넓이는 몇 cm²인가요?

4.7 cm
5.8 cm

(27.26 cm²)
풀이 (평행사변형의 넓이)
=(밑변의 길이)×(높이)
=5.8×4.7=27.26(cm²)

7 66쪽
가로가 27.3 cm, 세로가 22 cm인 직사각형 모양의 캔버스가 있습니다. 이 캔버스의 넓이는 몇 cm²인가요?

(600.6 cm²)
풀이 (캔버스의 넓이)
=(가로)×(세로)
=27.3×22=600.6(cm²)

8 68쪽 **도전 문제**

한 시간에 80 km를 달리는 자동차가 같은 빠르기로 3시간 30분 동안 달렸습니다. 이 자동차가 1 km를 가는 데 휘발유가 0.12 L 필요하다면 3시간 30분 동안 달리는 데 사용한 휘발유는 몇 L인가요?

1 3시간 30분은 몇 시간인지 소수로 나타내기
→(3.5시간)

2 자동차가 3시간 30분 동안 달린 거리
→(280 km)

3 3시간 30분 동안 달리는 데 사용한 휘발유의 양
→(33.6 L)

풀이 **1** 3시간 30분=$3\frac{30}{60}$시간
=$3\frac{5}{10}$시간=3.5시간
2 80×3.5=280(km)
3 0.12×280=33.6(L)

70 / 71

15

5 직육면체

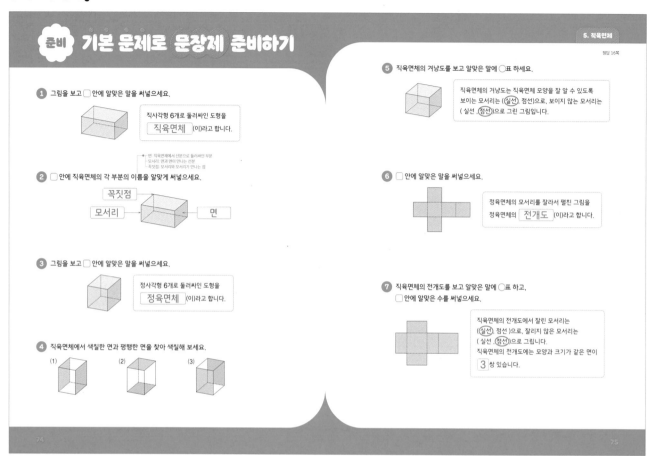

준비 **기본 문제로 문장제 준비하기**

5. 직육면체

정답 16쪽

① 그림을 보고 □ 안에 알맞은 말을 써넣으세요.

직사각형 6개로 둘러싸인 도형을 [직육면체](이)라고 합니다.

② □ 안에 직육면체의 각 부분의 이름을 알맞게 써넣으세요.

- 면: 직육면체에서 선분으로 둘러싸인 부분
- 모서리: 면과 면이 만나는 선분
- 꼭짓점: 모서리와 모서리가 만나는 점

[꼭짓점]
[모서리] [면]

③ 그림을 보고 □ 안에 알맞은 말을 써넣으세요.

정사각형 6개로 둘러싸인 도형을 [정육면체](이)라고 합니다.

④ 직육면체에서 색칠한 면과 평행한 면을 찾아 색칠해 보세요.
(1) (2) (3)

⑤ 직육면체의 겨냥도를 보고 알맞은 말에 ○표 하세요.

직육면체의 겨냥도는 직육면체 모양을 잘 알 수 있도록 보이는 모서리는 ((실선), 점선)으로, 보이지 않는 모서리는 (실선 ,(점선))으로 그린 그림입니다.

⑥ □ 안에 알맞은 말을 써넣으세요.

정육면체의 모서리를 잘라서 펼친 그림을 정육면체의 [전개도](이)라고 합니다.

⑦ 직육면체의 전개도를 보고 알맞은 말에 ○표 하고, □ 안에 알맞은 수를 써넣으세요.

직육면체의 전개도에서 잘린 모서리는 ((실선), 점선)으로, 잘리지 않은 모서리는 (실선 ,(점선))으로 그립니다. 직육면체의 전개도에는 모양과 크기가 같은 면이 [3]쌍 있습니다.

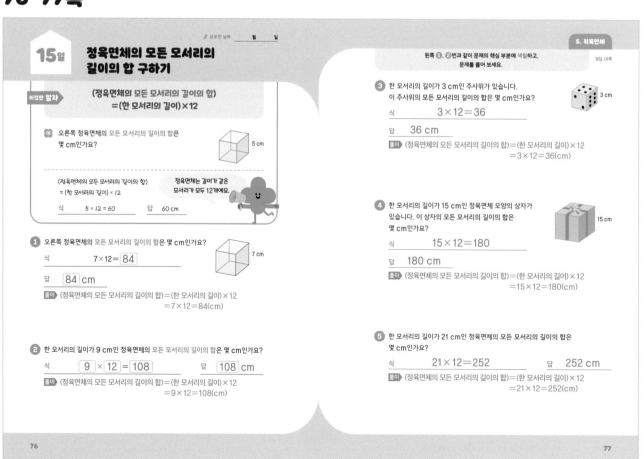

공부한 날짜   월   일

15일 **정육면체의 모든 모서리의 길이의 합 구하기**

5. 직육면체

왼쪽 ①, ②번과 같이 문제의 핵심 부분에 색칠하고, 문제를 풀어 보세요.

정답 16쪽

이것만 알자 (정육면체의 모든 모서리의 길이의 합)
= (한 모서리의 길이) × 12

예 오른쪽 정육면체의 모든 모서리의 길이의 합은 몇 cm인가요?

5 cm

(정육면체의 모든 모서리의 길이의 합)
= (한 모서리의 길이) × 12

정육면체는 길이가 같은 모서리가 모두 12개예요.

식 5 × 12 = 60   답 60 cm

① 오른쪽 정육면체의 모든 모서리의 길이의 합은 몇 cm인가요?

7 cm

식 7 × 12 = [84]

답 [84] cm

풀이 (정육면체의 모든 모서리의 길이의 합) = (한 모서리의 길이) × 12
= 7 × 12 = 84(cm)

② 한 모서리의 길이가 9 cm인 정육면체의 모든 모서리의 길이의 합은 몇 cm인가요?

식 [9] × 12 = [108]   답 [108] cm

풀이 (정육면체의 모든 모서리의 길이의 합) = (한 모서리의 길이) × 12
= 9 × 12 = 108(cm)

③ 한 모서리의 길이가 3 cm인 주사위가 있습니다. 이 주사위의 모든 모서리의 길이의 합은 몇 cm인가요?

3 cm

식 3 × 12 = 36

답 36 cm

풀이 (정육면체의 모든 모서리의 길이의 합) = (한 모서리의 길이) × 12
= 3 × 12 = 36(cm)

④ 한 모서리의 길이가 15 cm인 정육면체 모양의 상자가 있습니다. 이 상자의 모든 모서리의 길이의 합은 몇 cm인가요?

15 cm

식 15 × 12 = 180

답 180 cm

풀이 (정육면체의 모든 모서리의 길이의 합) = (한 모서리의 길이) × 12
= 15 × 12 = 180(cm)

⑤ 한 모서리의 길이가 21 cm인 정육면체의 모든 모서리의 길이의 합은 몇 cm인가요?

식 21 × 12 = 252   답 252 cm

풀이 (정육면체의 모든 모서리의 길이의 합) = (한 모서리의 길이) × 12
= 21 × 12 = 252(cm)

78-79쪽

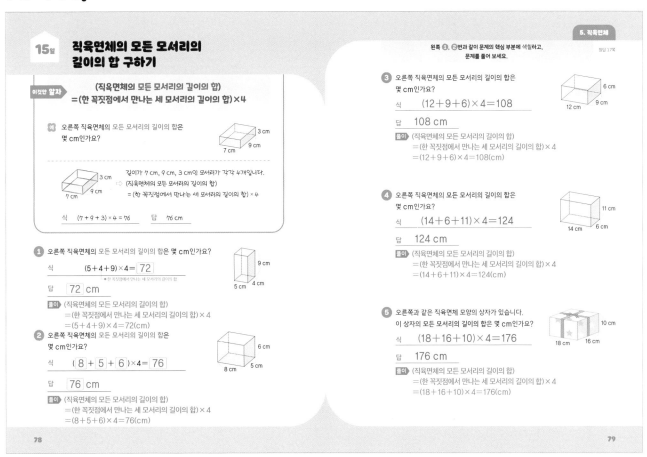

15일 직육면체의 모든 모서리의 길이의 합 구하기

이것만 알자
(직육면체의 모든 모서리의 길이의 합)
=(한 꼭짓점에서 만나는 세 모서리의 길이의 합)×4

예) 오른쪽 직육면체의 모든 모서리의 길이의 합은 몇 cm인가요?

길이가 7 cm, 9 cm, 3 cm인 모서리가 각각 4개입니다.
➡ (직육면체의 모든 모서리의 길이의 합)
= (한 꼭짓점에서 만나는 세 모서리의 길이의 합) × 4

식 (7 + 9 + 3) × 4 = 76   답 76 cm

① 오른쪽 직육면체의 모든 모서리의 길이의 합은 몇 cm인가요?
식 (5+4+9)×4= 72
＊ 한 꼭짓점에서 만나는 세 모서리의 길이의 합
답 72 cm
풀이 (직육면체의 모든 모서리의 길이의 합)
= (한 꼭짓점에서 만나는 세 모서리의 길이의 합) × 4
=(5+4+9)×4=72(cm)

② 오른쪽 직육면체의 모든 모서리의 길이의 합은 몇 cm인가요?
식 (8 + 5 + 6)×4= 76
답 76 cm
풀이 (직육면체의 모든 모서리의 길이의 합)
= (한 꼭짓점에서 만나는 세 모서리의 길이의 합) × 4
=(8+5+6)×4=76(cm)

왼쪽 ①, ②번과 같이 문제의 핵심 부분에 색칠하고, 문제를 풀어 보세요.
정답 17쪽

③ 오른쪽 직육면체의 모든 모서리의 길이의 합은 몇 cm인가요?
식 (12+9+6)×4=108
답 108 cm
풀이 (직육면체의 모든 모서리의 길이의 합)
= (한 꼭짓점에서 만나는 세 모서리의 길이의 합) × 4
=(12+9+6)×4=108(cm)

④ 오른쪽 직육면체의 모든 모서리의 길이의 합은 몇 cm인가요?
식 (14+6+11)×4=124
답 124 cm
풀이 (직육면체의 모든 모서리의 길이의 합)
= (한 꼭짓점에서 만나는 세 모서리의 길이의 합) × 4
=(14+6+11)×4=124(cm)

⑤ 오른쪽과 같은 직육면체 모양의 상자가 있습니다. 이 상자의 모든 모서리의 합은 몇 cm인가요?
식 (18+16+10)×4=176
답 176 cm
풀이 (직육면체의 모든 모서리의 길이의 합)
= (한 꼭짓점에서 만나는 세 모서리의 길이의 합) × 4
=(18+16+10)×4=176(cm)

80-81쪽

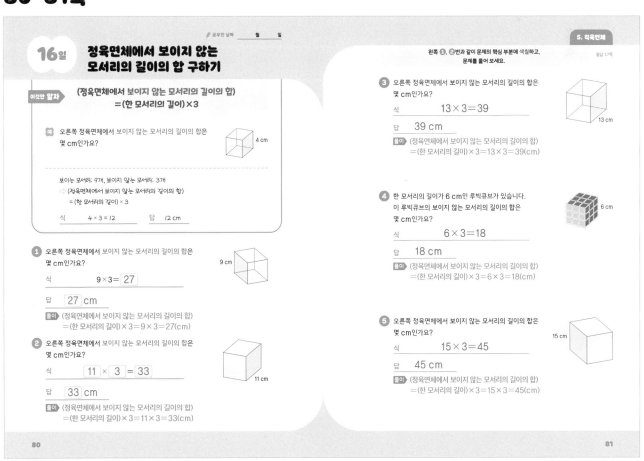

16일 정육면체에서 보이지 않는 모서리의 길이의 합 구하기

공부한 날짜   월   일

이것만 알자
(정육면체에서 보이지 않는 모서리의 길이의 합)
=(한 모서리의 길이)×3

예) 오른쪽 정육면체에서 보이지 않는 모서리의 길이의 합은 몇 cm인가요?

보이는 모서리: 9개, 보이지 않는 모서리: 3개
➡ (정육면체에서 보이지 않는 모서리의 길이의 합)
= (한 모서리의 길이) × 3

식 4 × 3 = 12   답 12 cm

① 오른쪽 정육면체에서 보이지 않는 모서리의 길이의 합은 몇 cm인가요?
식 9×3= 27
답 27 cm
풀이 (정육면체에서 보이지 않는 모서리의 길이의 합)
= (한 모서리의 길이) × 3 = 9 × 3 = 27(cm)

② 오른쪽 정육면체에서 보이지 않는 모서리의 길이의 합은 몇 cm인가요?
식 11 × 3 = 33
답 33 cm
풀이 (정육면체에서 보이지 않는 모서리의 길이의 합)
= (한 모서리의 길이) × 3 = 11 × 3 = 33(cm)

왼쪽 ①, ②번과 같이 문제의 핵심 부분에 색칠하고, 문제를 풀어 보세요.
정답 17쪽

③ 오른쪽 정육면체에서 보이지 않는 모서리의 길이의 합은 몇 cm인가요?
식 13×3=39
답 39 cm
풀이 (정육면체에서 보이지 않는 모서리의 길이의 합)
= (한 모서리의 길이) × 3 = 13 × 3 = 39(cm)

④ 한 모서리의 길이가 6 cm인 루빅큐브가 있습니다. 이 루빅큐브의 보이지 않는 모서리의 길이의 합은 몇 cm인가요?
식 6×3=18
답 18 cm
풀이 (정육면체에서 보이지 않는 모서리의 길이의 합)
= (한 모서리의 길이) × 3 = 6 × 3 = 18(cm)

⑤ 오른쪽 정육면체에서 보이지 않는 모서리의 길이의 합은 몇 cm인가요?
식 15×3=45
답 45 cm
풀이 (정육면체에서 보이지 않는 모서리의 길이의 합)
= (한 모서리의 길이) × 3 = 15 × 3 = 45(cm)

5 직육면체

82-83쪽

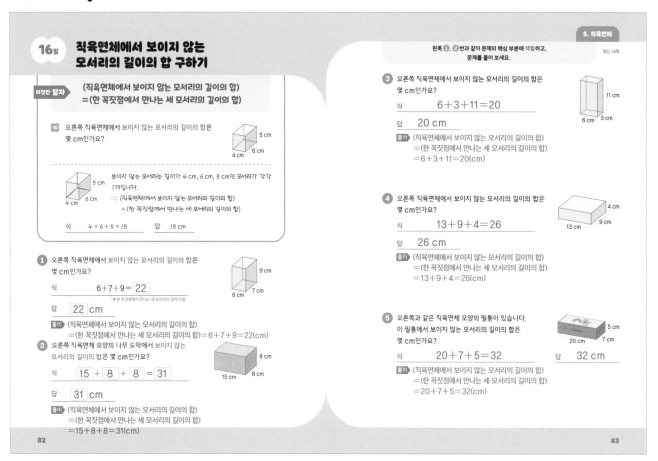

16일 직육면체에서 보이지 않는 모서리의 길이의 합 구하기

이것만 알자 (직육면체에서 보이지 않는 모서리의 길이의 합)
= (한 꼭짓점에서 만나는 세 모서리의 길이의 합)

예 오른쪽 직육면체에서 보이지 않는 모서리의 길이의 합은 몇 cm인가요?

보이지 않는 모서리의 길이가 4 cm, 6 cm, 5 cm인 모서리가 각각 1개입니다.
⇨ (직육면체에서 보이지 않는 모서리의 길이의 합)
= (한 꼭짓점에서 만나는 세 모서리의 길이의 합)

식 4+6+5=15   답 15 cm

① 오른쪽 직육면체에서 보이지 않는 모서리의 길이의 합은 몇 cm인가요?

식 6+7+9= 22
한 꼭짓점에서 만나는 세 모서리의 길이의 합

답 22 cm

풀이 (직육면체에서 보이지 않는 모서리의 길이의 합)
= (한 꼭짓점에서 만나는 세 모서리의 길이의 합)=6+7+9=22(cm)

② 오른쪽 직육면체 모양의 나무 도막에서 보이지 않는 모서리의 길이의 합은 몇 cm인가요?

식 15 + 8 + 8 = 31

답 31 cm

풀이 (직육면체에서 보이지 않는 모서리의 길이의 합)
= (한 꼭짓점에서 만나는 세 모서리의 길이의 합)
=15+8+8=31(cm)

왼쪽 ❶, ❷번과 같이 문제의 핵심 부분에 색칠하고, 문제를 풀어 보세요.

5. 직육면체

정답 18쪽

③ 오른쪽 직육면체에서 보이지 않는 모서리의 길이의 합은 몇 cm인가요?

식 6+3+11=20

답 20 cm

풀이 (직육면체에서 보이지 않는 모서리의 길이의 합)
= (한 꼭짓점에서 만나는 세 모서리의 길이의 합)
=6+3+11=20(cm)

④ 오른쪽 직육면체에서 보이지 않는 모서리의 길이의 합은 몇 cm인가요?

식 13+9+4=26

답 26 cm

풀이 (직육면체에서 보이지 않는 모서리의 길이의 합)
= (한 꼭짓점에서 만나는 세 모서리의 길이의 합)
=13+9+4=26(cm)

⑤ 오른쪽과 같은 직육면체 모양의 필통이 있습니다. 이 필통에서 보이지 않는 모서리의 길이의 합은 몇 cm인가요?

식 20+7+5=32   답 32 cm

풀이 (직육면체에서 보이지 않는 모서리의 길이의 합)
= (한 꼭짓점에서 만나는 세 모서리의 길이의 합)
=20+7+5=32(cm)

84-85쪽

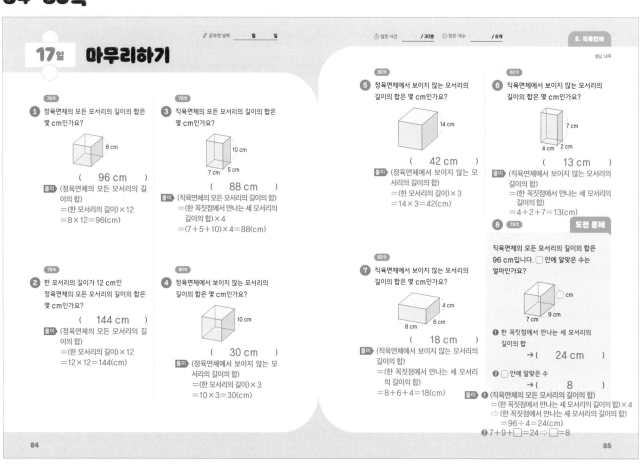

✏️ 공부한 날짜   월   일
⏱️ 걸린 시간 / 30분 😊 맞은 개수 / 8개

5. 직육면체

17일 마무리하기

정답 18쪽

76쪽
① 정육면체의 모든 모서리의 길이의 합은 몇 cm인가요?

(96 cm)

풀이 (정육면체의 모든 모서리의 길이의 합)
= (한 모서리의 길이)×12
=8×12=96(cm)

78쪽
③ 직육면체의 모든 모서리의 길이의 합은 몇 cm인가요?

(88 cm)

풀이 (직육면체의 모든 모서리의 길이의 합)
= (한 꼭짓점에서 만나는 세 모서리의 길이의 합)×4
=(7+5+10)×4=88(cm)

76쪽
② 한 모서리의 길이가 12 cm인 정육면체의 모든 모서리의 길이의 합은 몇 cm인가요?

(144 cm)

풀이 (정육면체의 모든 모서리의 길이의 합)
= (한 모서리의 길이)×12
=12×12=144(cm)

80쪽
④ 정육면체에서 보이지 않는 모서리의 길이의 합은 몇 cm인가요?

(30 cm)

풀이 (정육면체에서 보이지 않는 모서리의 길이의 합)
= (한 모서리의 길이)×3
=10×3=30(cm)

80쪽
⑤ 정육면체에서 보이지 않는 모서리의 길이의 합은 몇 cm인가요?

(42 cm)

풀이 (정육면체에서 보이지 않는 모서리의 길이의 합)
= (한 모서리의 길이)×3
=14×3=42(cm)

82쪽
⑥ 직육면체에서 보이지 않는 모서리의 길이의 합은 몇 cm인가요?

(13 cm)

풀이 (직육면체에서 보이지 않는 모서리의 길이의 합)
= (한 꼭짓점에서 만나는 세 모서리의 길이의 합)
=4+2+7=13(cm)

82쪽
⑦ 직육면체에서 보이지 않는 모서리의 길이의 합은 몇 cm인가요?

(18 cm)

풀이 (직육면체에서 보이지 않는 모서리의 길이의 합)
= (한 꼭짓점에서 만나는 세 모서리의 길이의 합)
=8+6+4=18(cm)

78쪽 도전 문제
⑧ 직육면체의 모든 모서리의 길이의 합은 96 cm입니다. ☐ 안에 알맞은 수는 얼마인가요?

❶ 한 꼭짓점에서 만나는 세 모서리의 길이의 합
→ (24 cm)

❷ ☐ 안에 알맞은 수
→ (8)

풀이 ❶ (직육면체의 모든 모서리의 길이의 합)=(한 꼭짓점에서 만나는 세 모서리의 길이의 합)×4
⇨ (한 꼭짓점에서 만나는 세 모서리의 길이의 합)
=96÷4=24(cm)
❷ 7+9+☐=24 ⇨ ☐=8

6 평균과 가능성

88-89쪽

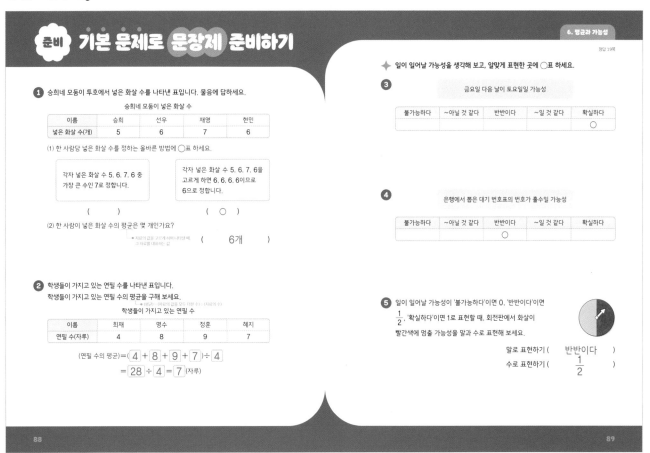

준비 기본 문제로 문장제 준비하기

정답 19쪽

1 승희네 모둠이 투호에서 넣은 화살 수를 나타낸 표입니다. 물음에 답하세요.

승희네 모둠이 넣은 화살 수

이름	승희	선우	재영	현민
넣은 화살 수(개)	5	6	7	6

(1) 한 사람당 넣은 화살 수를 정하는 올바른 방법에 ○표 하세요.

각자 넣은 화살 수 5, 6, 7, 6 중 가장 큰 수인 7로 정합니다.

( )

각자 넣은 화살 수 5, 6, 7, 6을 고르게 하면 6, 6, 6, 6이므로 6으로 정합니다.

(○)

(2) 한 사람이 넣은 화살 수의 평균은 몇 개인가요?

(6개)

2 학생들이 가지고 있는 연필 수를 나타낸 표입니다.
학생들이 가지고 있는 연필 수의 평균을 구해 보세요.

학생들이 가지고 있는 연필 수

이름	희재	명수	정훈	혜지
연필 수(자루)	4	8	9	7

(연필 수의 평균)=(4 + 8 + 9 + 7)÷ 4
= 28 ÷ 4 = 7 (자루)

✦ 일이 일어날 가능성을 생각해 보고, 알맞게 표현한 곳에 ○표 하세요.

3

금요일 다음 날이 토요일일 가능성

불가능하다	~아닐 것 같다	반반이다	~일 것 같다	확실하다
				○

4

은행에서 뽑은 대기 번호표의 번호가 홀수일 가능성

불가능하다	~아닐 것 같다	반반이다	~일 것 같다	확실하다
		○		

5 일이 일어날 가능성이 '불가능하다'이면 0, '반반이다'이면 $\frac{1}{2}$, '확실하다'이면 1로 표현할 때, 회전판에서 화살이 빨간색에 멈출 가능성을 말과 수로 표현해 보세요.

말로 표현하기 (반반이다)

수로 표현하기 ($\frac{1}{2}$)

90-91쪽

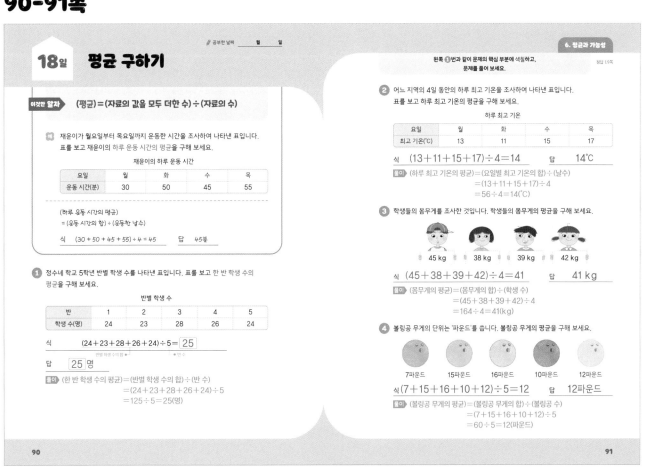

📝 공부한 날짜 　월　　일

18일 평균 구하기

이것만 알자 (평균)=(자료의 값을 모두 더한 수)÷(자료의 수)

예 재윤이가 월요일부터 목요일까지 운동한 시간을 조사하여 나타낸 표입니다.
표를 보고 재윤이의 하루 운동 시간의 평균을 구해 보세요.

재윤이의 하루 운동 시간

요일	월	화	수	목
운동 시간(분)	30	50	45	55

(하루 운동 시간의 평균)
= (운동 시간의 합)÷(운동한 날수)

식 (30+50+45+55)÷4=45　답 45분

1 정수네 학교 5학년 반별 학생 수를 나타낸 표입니다. 표를 보고 한 반 학생 수의 평균을 구해 보세요.

반별 학생 수

반	1	2	3	4	5
학생 수(명)	24	23	28	26	24

식 (24+23+28+26+24)÷5= 25

답 25 명

풀이 (한 반 학생 수의 평균)=(반별 학생 수의 합)÷(반 수)
=(24+23+28+26+24)÷5
=125÷5=25(명)

왼쪽 **1**번과 같이 문제의 핵심 부분에 색칠하고, 문제를 풀어 보세요.

정답 19쪽

2 어느 지역의 4일 동안의 하루 최고 기온을 조사하여 나타낸 표입니다.
표를 보고 하루 최고 기온의 평균을 구해 보세요.

하루 최고 기온

요일	월	화	수	목
최고 기온(℃)	13	11	15	17

식 (13+11+15+17)÷4=14　답 14℃

풀이 (하루 최고 기온의 평균)=(요일별 최고 기온의 합)÷(날수)
=(13+11+15+17)÷4
=56÷4=14(℃)

3 학생들의 몸무게를 조사한 것입니다. 학생들의 몸무게의 평균을 구해 보세요.

45 kg　38 kg　39 kg　42 kg

식 (45+38+39+42)÷4=41　답 41 kg

풀이 (몸무게의 평균)=(몸무게의 합)÷(학생 수)
=(45+38+39+42)÷4
=164÷4=41(kg)

4 볼링공 무게의 단위는 '파운드'를 씁니다. 볼링공 무게의 평균을 구해 보세요.

7파운드　15파운드　16파운드　10파운드　12파운드

식 (7+15+16+10+12)÷5=12　답 12파운드

풀이 (볼링공 무게의 평균)=(볼링공 무게의 합)÷(볼링공 수)
=(7+15+16+10+12)÷5
=60÷5=12(파운드)

6 평균과 가능성

92-93쪽

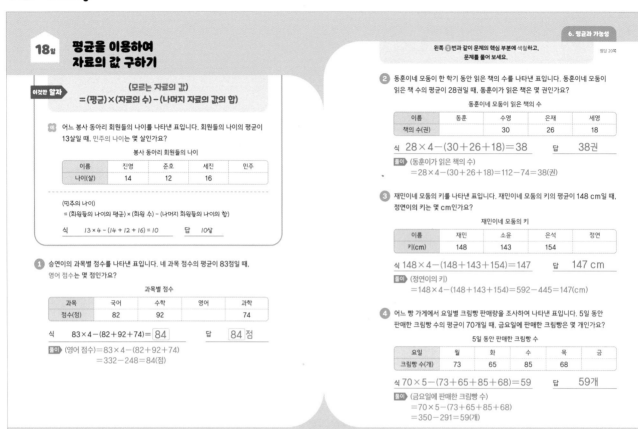

18일 평균을 이용하여 자료의 값 구하기

이것만 알자

(모르는 자료의 값)
= (평균)×(자료의 수) − (나머지 자료의 값의 합)

예 어느 봉사 동아리 회원들의 나이를 나타낸 표입니다. 회원들의 나이의 평균이 13살일 때, 민주의 나이는 몇 살인가요?

봉사 동아리 회원들의 나이

이름	진영	준호	세진	민주
나이(살)	14	12	16	

(민주의 나이)
= (회원들의 나이의 평균)×(회원 수) − (나머지 회원들의 나이의 합)

식 13×4 − (14 + 12 + 16) = 10   답 10살

① 승연이의 과목별 점수를 나타낸 표입니다. 네 과목 점수의 평균이 83점일 때, 영어 점수는 몇 점인가요?

과목별 점수

과목	국어	수학	영어	과학
점수(점)	82	92		74

식 83×4 − (82+92+74) = 84   답 84 점

풀이 (영어 점수)=83×4 − (82+92+74)
= 332 − 248 = 84(점)

왼쪽 ①번과 같이 문제의 핵심 부분에 색칠하고, 문제를 풀어 보세요.   정답 20쪽

② 동훈이네 모둠이 한 학기 동안 읽은 책의 수를 나타낸 표입니다. 동훈이네 모둠이 읽은 책 수의 평균이 28권일 때, 동훈이가 읽은 책은 몇 권인가요?

동훈이네 모둠이 읽은 책의 수

이름	동훈	수영	은재	세영
책의 수(권)		30	26	18

식 28×4 − (30+26+18) = 38   답 38권

풀이 (동훈이가 읽은 책의 수)
= 28×4 − (30+26+18) = 112 − 74 = 38(권)

③ 재민이네 모둠의 키를 나타낸 표입니다. 재민이네 모둠의 키의 평균이 148 cm일 때, 정연이의 키는 몇 cm인가요?

재민이네 모둠의 키

이름	재민	소윤	은석	정연
키(cm)	148	143	154	

식 148×4 − (148+143+154) = 147   답 147 cm

풀이 (정연이의 키)
= 148×4 − (148+143+154) = 592 − 445 = 147(cm)

④ 어느 빵 가게에서 요일별 크림빵 판매량을 조사하여 나타낸 표입니다. 5일 동안 판매한 크림빵 수의 평균이 70개일 때, 금요일에 판매한 크림빵은 몇 개인가요?

5일 동안 판매한 크림빵 수

요일	일	화	수	목	금
크림빵 수(개)	73	65	85	68	

식 70×5 − (73+65+85+68) = 59   답 59개

풀이 (금요일에 판매한 크림빵 수)
= 70×5 − (73+65+85+68)
= 350 − 291 = 59(개)

92   93

94-95쪽

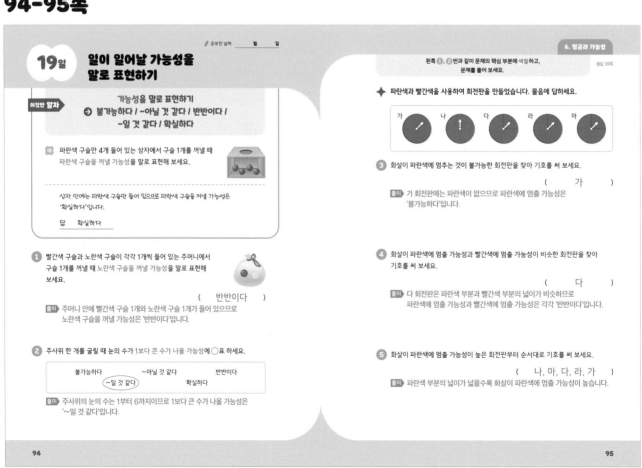

19일 일이 일어날 가능성을 말로 표현하기

✎ 공부한 날짜   월   일

이것만 알자

가능성을 말로 표현하기
➡ 불가능하다 / ~아닐 것 같다 / 반반이다 / ~일 것 같다 / 확실하다

예 파란색 구슬만 4개 들어 있는 상자에서 구슬 1개를 꺼낼 때 파란색 구슬을 꺼낼 가능성을 말로 표현해 보세요.

상자 안에는 파란색 구슬만 들어 있으므로 파란색 구슬을 꺼낼 가능성은 '확실하다'입니다.

답 확실하다

① 빨간색 구슬과 노란색 구슬이 각각 1개씩 들어 있는 주머니에서 구슬 1개를 꺼낼 때 노란색 구슬을 꺼낼 가능성을 말로 표현해 보세요.

(반반이다   )

풀이 주머니 안에 빨간색 구슬 1개와 노란색 구슬 1개가 들어 있으므로 노란색 구슬을 꺼낼 가능성은 '반반이다'입니다.

② 주사위 한 개를 굴릴 때 눈의 수가 1보다 큰 수가 나올 가능성에 ○표 하세요.

불가능하다	~아닐 것 같다	반반이다
	~일 것 같다	확실하다

풀이 주사위의 눈의 수는 1부터 6까지이므로 1보다 큰 수가 나올 가능성은 '~일 것 같다'입니다.

왼쪽 ①, ②번과 같이 문제의 핵심 부분에 색칠하고, 문제를 풀어 보세요.   정답 20쪽

◆ 파란색과 빨간색을 사용하여 회전판을 만들었습니다. 물음에 답하세요.

가	나	다	라	마

③ 화살이 파란색에 멈추는 것이 불가능한 회전판을 찾아 기호를 써 보세요.

(가   )

풀이 가 회전판에는 파란색이 없으므로 파란색에 멈출 가능성은 '불가능하다'입니다.

④ 화살이 파란색에 멈출 가능성과 빨간색에 멈출 가능성이 비슷한 회전판을 찾아 기호를 써 보세요.

(다   )

풀이 다 회전판은 파란색 부분과 빨간색 부분의 넓이가 비슷하므로 파란색에 멈출 가능성과 빨간색에 멈출 가능성은 각각 '반반이다'입니다.

⑤ 화살이 파란색에 멈출 가능성이 높은 회전판부터 순서대로 기호를 써 보세요.

(나, 마, 다, 라, 가   )

풀이 파란색 부분의 넓이가 넓을수록 화살이 파란색에 멈출 가능성이 높습니다.

94   95

20

96-97쪽

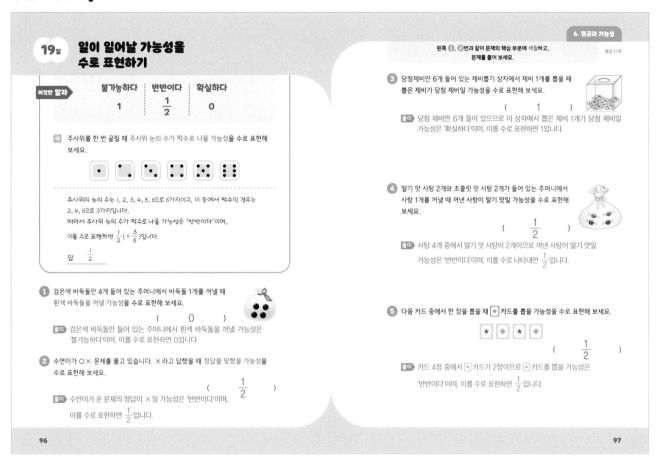

19일 일이 일어날 가능성을 수로 표현하기

이것만 알자

불가능하다	반반이다	확실하다
1	$\frac{1}{2}$	0

예 주사위를 한 번 굴릴 때 주사위 눈의 수가 짝수로 나올 가능성을 수로 표현해 보세요.

주사위의 눈의 수는 1, 2, 3, 4, 5, 6으로 6가지이고, 이 중에서 짝수인 경우는 2, 4, 6으로 3가지입니다.
따라서 주사위 눈의 수가 짝수로 나올 가능성은 '반반이다'이며,
이를 수로 표현하면 $\frac{1}{2} \left(= \frac{3}{6}\right)$입니다.

답 $\frac{1}{2}$

1 검은색 바둑돌만 4개 들어 있는 주머니에서 바둑돌 1개를 꺼낼 때 흰색 바둑돌을 꺼낼 가능성을 수로 표현해 보세요.

(0)

풀이 검은색 바둑돌만 들어 있는 주머니에서 흰색 바둑돌을 꺼낼 가능성은 '불가능하다'이며, 이를 수로 표현하면 0입니다.

2 수연이가 ○× 문제를 풀고 있습니다. ×라고 답했을 때 정답을 맞혔을 가능성을 수로 표현해 보세요.

($\frac{1}{2}$)

풀이 수연이가 푼 문제의 정답이 ×일 가능성은 '반반이다'이며, 이를 수로 표현하면 $\frac{1}{2}$입니다.

왼쪽 **1**, **2**번과 같이 문제의 핵심 부분을 색칠하고, 문제를 풀어 보세요.

정답 21쪽

3 당첨제비만 6개 들어 있는 제비뽑기 상자에서 제비 1개를 뽑을 때 뽑은 제비가 당첨 제비일 가능성을 수로 표현해 보세요.

(1)

풀이 당첨 제비만 6개 들어 있으므로 이 상자에서 뽑은 제비 1개일 가능성은 '확실하다'이며, 이를 수로 표현하면 1입니다.

4 딸기 맛 사탕 2개와 초콜릿 맛 사탕 2개가 들어 있는 주머니에서 사탕 1개를 꺼낼 때 꺼낸 사탕이 딸기 맛일 가능성을 수로 표현해 보세요.

($\frac{1}{2}$)

풀이 사탕 4개 중에서 딸기 맛 사탕이 2개이므로 꺼낸 사탕이 딸기 맛일 가능성은 '반반이다'이며, 이를 수로 나타내면 $\frac{1}{2}$입니다.

5 다음 카드 중에서 한 장을 뽑을 때 ◆ 카드를 뽑을 가능성을 수로 표현해 보세요.

★ ◆ ★ ◆

($\frac{1}{2}$)

풀이 카드 4장 중에서 ◆ 카드가 2장이므로 ◆ 카드를 뽑을 가능성은 '반반이다'이며, 이를 수로 표현하면 $\frac{1}{2}$입니다.

98-99쪽

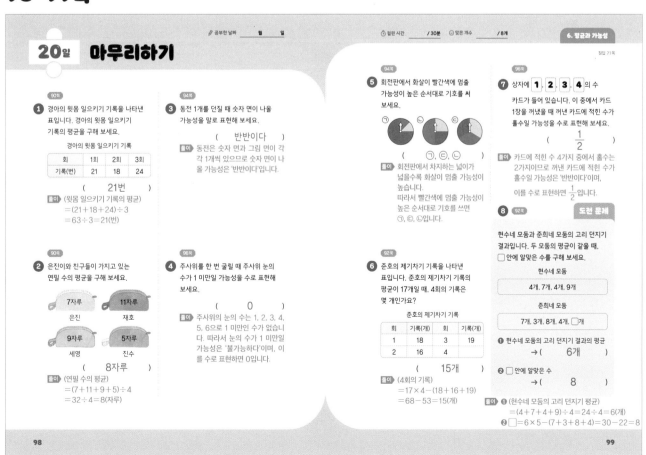

20일 **마무리하기**

공부한 날짜 월 일 · 걸린 시간 /30분 · 맞은 개수 /8개

정답 21쪽

1 (90쪽) 경아의 윗몸 일으키기 기록을 나타낸 표입니다. 경아의 윗몸 일으키기 기록의 평균을 구해 보세요.

경아의 윗몸 일으키기 기록

회	1회	2회	3회
기록(번)	21	18	24

(21번)

풀이 (윗몸 일으키기 기록의 평균)
$=(21+18+24)\div 3$
$=63\div 3=21$(번)

2 (90쪽) 은진이와 친구들이 가지고 있는 연필 수의 평균을 구해 보세요.

7자루 은진
11자루 재호
9자루 세영
5자루 진수

(8자루)

풀이 (연필 수의 평균)
$=(7+11+9+5)\div 4$
$=32\div 4=8$(자루)

3 (94쪽) 동전 1개를 던질 때 숫자 면이 나올 가능성을 말로 표현해 보세요.

(반반이다)

풀이 동전은 숫자 면과 그림 면이 각각 1개씩 있으므로 숫자 면이 나올 가능성은 '반반이다'입니다.

4 (96쪽) 주사위를 한 번 굴릴 때 주사위 눈의 수가 1 미만일 가능성을 수로 표현해 보세요.

(0)

풀이 주사위의 눈의 수는 1, 2, 3, 4, 5, 6으로 1 미만인 수가 없습니다. 따라서 눈의 수가 1 미만일 가능성은 '불가능하다'이며, 이를 수로 표현하면 0입니다.

5 (94쪽) 회전판에서 화살이 빨간색에 멈출 가능성이 높은 순서대로 기호를 써 보세요.

㉠ ㉡ ㉢

(㉠, ㉢, ㉡)

풀이 회전판에서 차지하는 넓이가 넓을수록 화살이 멈출 가능성이 높습니다.
따라서 빨간색에 멈출 가능성이 높은 순서대로 기호를 쓰면 ㉠, ㉢, ㉡입니다.

6 (92쪽) 준호의 제기차기 기록을 나타낸 표입니다. 준호의 제기차기 기록의 평균이 17개일 때, 4회의 기록은 몇 개인가요?

준호의 제기차기 기록

회	기록(개)	회	기록(개)
1	18	3	19
2	16	4	

(15개)

풀이 (4회의 기록)
$=17\times 4-(18+16+19)$
$=68-53=15$(개)

7 (96쪽) 상자에 **1**, **2**, **3**, **4** 의 수 카드가 들어 있습니다. 이 중에서 카드 1장을 꺼냈을 때 꺼낸 카드에 적힌 수가 홀수일 가능성을 수로 표현해 보세요.

($\frac{1}{2}$)

풀이 카드에 적힌 수 4가지 중에서 홀수는 2가지이므로 꺼낸 카드에 적힌 수가 홀수일 가능성은 '반반이다'이며, 이를 수로 표현하면 $\frac{1}{2}$입니다.

8 (92쪽) **도전 문제**

현수네 모둠과 준희네 모둠의 고리 던지기 결과입니다. 두 모둠의 평균이 같을 때, □ 안에 알맞은 수를 구해 보세요.

현수네 모둠
4개, 7개, 4개, 9개

준희네 모둠
7개, 3개, 8개, 4개, □개

❶ 현수네 모둠의 고리 던지기 결과의 평균
→(6개)

❷ □ 안에 알맞은 수
→(8)

풀이 **❶** (현수네 모둠의 고리 던지기 평균)
$=(4+7+4+9)\div 4=24\div 4=6$(개)
❷ □$=6\times 5-(7+3+8+4)=30-22=8$

실력 평가

100-101쪽

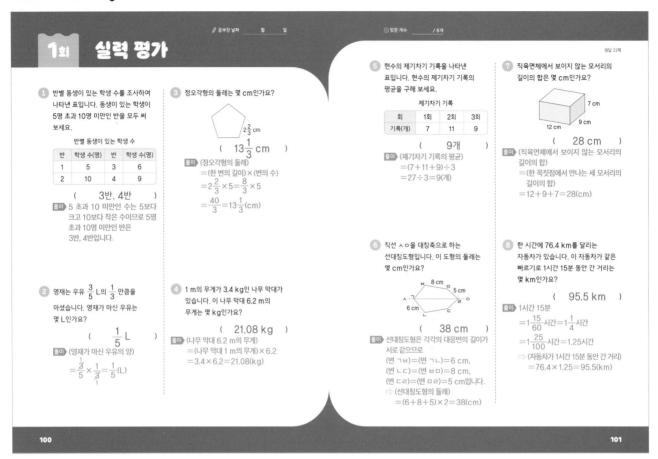

1 반별 동생이 있는 학생 수를 조사하여 나타낸 표입니다. 동생이 있는 학생이 5명 초과 10명 미만인 반을 모두 써 보세요.

반별 동생이 있는 학생 수

반	학생 수(명)	반	학생 수(명)
1	5	3	6
2	10	4	9

(3반, 4반)

풀이 5 초과 10 미만인 수는 5보다 크고 10보다 작은 수이므로 5명 초과 10명 미만인 반은 3반, 4반입니다.

2 영재는 우유 $\frac{3}{5}$ L의 $\frac{1}{3}$ 만큼을 마셨습니다. 영재가 마신 우유는 몇 L인가요?

($\frac{1}{5}$ L)

풀이 (영재가 마신 우유의 양)
$=\frac{\overset{1}{\cancel{3}}}{5}\times\frac{1}{\cancel{3}}=\frac{1}{5}$(L)

3 정오각형의 둘레는 몇 cm인가요?

$2\frac{2}{3}$ cm

($13\frac{1}{3}$ cm)

풀이 (정오각형의 둘레)
$=$(한 변의 길이)$\times$(변의 수)
$=2\frac{2}{3}\times5=\frac{8}{3}\times5$
$=\frac{40}{3}=13\frac{1}{3}$(cm)

4 1 m의 무게가 3.4 kg인 나무 막대가 있습니다. 이 나무 막대 6.2 m의 무게는 몇 kg인가요?

(21.08 kg)

풀이 (나무 막대 6.2 m의 무게)
$=$(나무 막대 1 m의 무게)$\times6.2$
$=3.4\times6.2=21.08$(kg)

5 현수의 제기차기 기록을 나타낸 표입니다. 현수의 제기차기 기록의 평균을 구해 보세요.

제기차기 기록

회	1회	2회	3회
기록(개)	7	11	9

(9개)

풀이 (제기차기 기록의 평균)
$=(7+11+9)\div3$
$=27\div3=9$(개)

6 직선 ㅅㅇ을 대칭축으로 하는 선대칭도형입니다. 이 도형의 둘레는 몇 cm인가요?

8 cm
5 cm
6 cm

(38 cm)

풀이 선대칭도형은 각각의 대응변의 길이가 서로 같으므로
(변 ㄱㅂ)$=$(변 ㄱㄴ)$=6$ cm,
(변 ㄴㄷ)$=$(변 ㅂㅁ)$=8$ cm,
(변 ㄷㄹ)$=$(변 ㅁㄹ)$=5$ cm입니다.
$\Rightarrow$ (선대칭도형의 둘레)
$=(6+8+5)\times2=38$(cm)

7 직육면체에서 보이지 않는 모서리의 길이의 합은 몇 cm인가요?

7 cm
12 cm
9 cm

(28 cm)

풀이 (직육면체에서 보이지 않는 모서리의 길이의 합)
$=$(한 꼭짓점에서 만나는 세 모서리의 길이의 합)
$=12+9+7=28$(cm)

8 한 시간에 76.4 km를 달리는 자동차가 있습니다. 이 자동차가 같은 빠르기로 1시간 15분 동안 간 거리는 몇 km인가요?

(95.5 km)

풀이 1시간 15분
$=1\frac{15}{60}$시간$=1\frac{1}{4}$시간
$=1\frac{25}{100}$시간$=1.25$시간
$\Rightarrow$ (자동차가 1시간 15분 동안 간 거리)
$=76.4\times1.25=95.5$(km)

102-103쪽

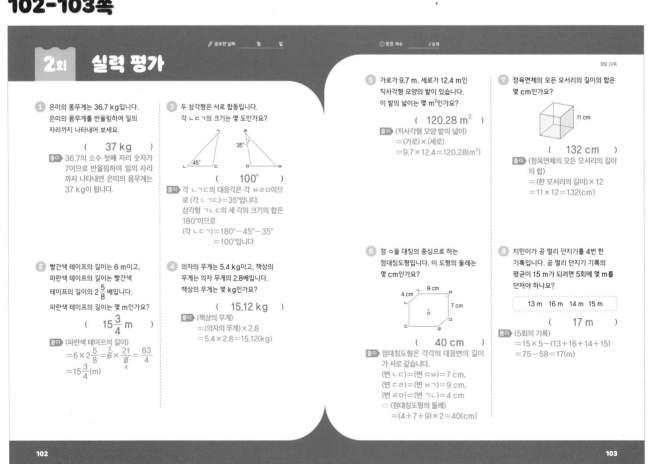

1 은미의 몸무게는 36.7 kg입니다. 은미의 몸무게를 반올림하여 일의 자리까지 나타내어 보세요.

(37 kg)

풀이 36.7의 소수 첫째 자리 숫자가 7이므로 반올림하여 일의 자리까지 나타내면 은미의 몸무게는 37 kg이 됩니다.

2 빨간색 테이프의 길이는 6 m이고, 파란색 테이프의 길이는 빨간색 테이프의 길이의 $2\frac{5}{8}$배입니다. 파란색 테이프의 길이는 몇 m인가요?

($15\frac{3}{4}$ m)

풀이 (파란색 테이프의 길이)
$=6\times2\frac{5}{8}=\overset{3}{\cancel{6}}\times\frac{21}{\cancel{8}}=\frac{63}{4}$
$=15\frac{3}{4}$(m)

3 두 삼각형은 서로 합동입니다. 각 ㄴㄷㄱ의 크기는 몇 도인가요?

35°
45°

(100°)

풀이 각 ㄴㄷㄱ의 대응각은 각 ㅂㄹㅁ이므로 (각 ㄴㄷㄱ)$=35°$입니다.
삼각형 ㄱㄴㄷ의 세 각의 크기의 합은 180°이므로
(각 ㄴㄷㄱ)$=180°-45°-35°$
$=100°$입니다.

4 의자의 무게는 5.4 kg이고, 책상의 무게는 의자 무게의 2.8배입니다. 책상의 무게는 몇 kg인가요?

(15.12 kg)

풀이 (책상의 무게)
$=$(의자의 무게)$\times2.8$
$=5.4\times2.8=15.12$(kg)

5 가로가 9.7 m, 세로가 12.4 m인 직사각형 모양의 밭이 있습니다. 이 밭의 넓이는 몇 m²인가요?

(120.28 m²)

풀이 (직사각형 모양 밭의 넓이)
$=$(가로)$\times$(세로)
$=9.7\times12.4=120.28$(m²)

6 점 ㅇ을 대칭의 중심으로 하는 점대칭도형입니다. 이 도형의 둘레는 몇 cm인가요?

9 cm
4 cm
7 cm
ㅇ

(40 cm)

풀이 점대칭도형은 각각의 대응변의 길이가 서로 같습니다.
(변 ㄴㄷ)$=$(변 ㅁㅂ)$=7$ cm,
(변 ㄷㄹ)$=$(변 ㅂㄱ)$=9$ cm,
(변 ㄹㅁ)$=$(변 ㄱㄴ)$=4$ cm
$\Rightarrow$ (점대칭도형의 둘레)
$=(4+7+9)\times2=40$(cm)

7 정육면체의 모든 모서리의 길이의 합은 몇 cm인가요?

11 cm

(132 cm)

풀이 (정육면체의 모든 모서리의 길이의 합)
$=$(한 모서리의 길이)$\times12$
$=11\times12=132$(cm)

8 지민이가 공 멀리 던지기를 4번 한 기록입니다. 공 멀리 던지기 기록의 평균이 15 m가 되려면 5회에 몇 m를 던져야 하나요?

13 m	16 m	14 m	15 m

(17 m)

풀이 (5회의 기록)
$=15\times5-(13+16+14+15)$
$=75-58=17$(m)

22

MEMO

대표전화 1544-0554

주소 서울특별시 구로구 디지털로33길 48 대륭포스트타워 7차 20층

협의 없는 무단 복제는 법으로 금지되어 있습니다.